◎ 武月梅 赵俊兰 主编

青贮玉米栽培

中国农业科学技术出版社

图书在版编目（CIP）数据

青贮玉米栽培/武月梅，赵俊兰主编. —北京：中国农业科学技术出版社，2015. 11

ISBN 978 - 7 - 5116 - 2347 - 8

Ⅰ. ①青…　Ⅱ. ①武…②赵…　Ⅲ. ①玉米 - 栽培技术　Ⅳ. ①S513

中国版本图书馆 CIP 数据核字（2015）第 262278 号

责任编辑	于建慧　张孝安
责任校对	贾海霞
出 版 者	中国农业科学技术出版社
	北京市中关村南大街 12 号　邮编：100081
电　　话	（010）82109194（编辑室）（010）82109702（发行部）
	（010）82109709（读者服务部）
传　　真	（010）82106650
网　　址	http：//www. castp. cn
经 销 者	各地新华书店
印 刷 者	北京建宏印刷有限公司
开　　本	889 mm×1194 mm　1/32
印　　张	3. 75
字　　数	100 千字
版　　次	2015 年 11 月第 1 版　2019 年 12 月第10次印刷
定　　价	16. 80 元

编写人员

策　　划：曹广才
主　　编：武月梅　赵俊兰
副 主 编：王瑞华　张　彪　姜　力
编写人员（按姓名的汉语拼音排序）：
　　　　　崔　宏　杜伟娜　韩建国　兰凤梅
　　　　　李　岩　李泉杉　刘水莲　史　策
　　　　　王彦华　王子臣　杨　静[1]　杨　静[2]
　　　　　尹　丽　张　宇　张晓颖　赵新新

注：1. 廊坊市农业局技术站　2. 河北省固安县农业局

目录 *Contents*

第一章

青贮玉米概述

第一节
青贮玉米分布和品种类型

一、青贮玉米生产与应用概况

青贮专用玉米推广应用示范项目是农业部2015年推动的农业示范项目，首先在河北、黑龙江、山东和河南4个省进行试点，进而在全国更大范围推广应用，切实缓解牛羊养殖优质饲草料缺乏的局面，推动农业结构调整。

目前，发展青贮专用玉米已具有良好基础和空间把发展青贮专用玉米作为建立现代饲草料产业体系，推动草食畜牧业发展的重要抓手和突破点。

在玉米品种中，除作为种植主体的普通玉米外，还有作为特殊用途的所谓"特用玉米"。特用玉米包括甜玉米、糯玉米、高油玉米、高淀粉玉米、优质蛋白玉米、爆裂玉米、青贮玉米、笋玉米等。

青贮玉米是特用玉米中的重要一类。青贮玉米与普通玉米的主要区别一是植株高大，株高2.5～3.5m，最高可达4m，以生产鲜秸秆为主，普通玉米则以产玉米籽实为主；二是收获期不同。青贮玉米的最佳收获期为籽粒的乳熟末期至蜡熟前期，此时产量最高，营养价值也最好；三是青贮玉米主要用于饲料。青贮玉米在成熟时茎叶仍然青绿，汁液丰富，适口性好，蜡熟期的青贮玉米与其他青饲料作物相比，无论是鲜喂还是青贮，都是牛、羊的优质饲料。

青贮玉米还具有多穗性状和茎叶繁茂性。特别是多枝多穗型青贮玉米品种比普通玉米具有更高的干物质产量，并以收获整株为目的，种植中要求选用品种优良、栽培技术规范，以尽可能获得更高的生物产量，其秸秆经过秸秆青贮、秸秆发酵、秸秆膨化、秸秆压缩、秸秆氨化等不同的加工方式，可获得作为饲喂家畜的优质饲料。

青贮玉米对于畜牧业的发展具有重要贡献，是解决饲料问题的重要途径。在欧美畜牧业发达国家中，玉米青贮饲料早已成为肉牛育肥的强化饲料。例如美国青贮玉米播种面积已达 355 万 hm^2，占玉米种植面积的 12% 以上；法国青贮玉米种植面积已占全国玉米播种面积的 80% 以上，而且全国 36% 的农场自己制作玉米青贮饲料；俄罗斯青贮饲料中 80% 是由玉米加工而成，在粗饲料和多汁饲料的日粮组成中，玉米青贮饲料占饲料总量的 40%。

中国在 20 世纪 50 年代初期农业科技工作者即在青贮玉米应用和推广中做了大量工作。但总体来说，中国专用的青贮玉米相对普通玉米育种技术和遗传研究起步较晚，基础薄弱，培育的品种较少，种植面积仍有巨大的提升空间。目前，现阶段生产上应用的青贮玉米品种有辽青 85、京多 1 号、晋单 28、科多 4 号、科多 8 号、沪青 1 号、华农 1 号、新多 2 号、龙牧 3 号、黑饲 1 号等。中国青贮玉米种植面积达 200 多万 hm^2。

> 举例　河北省是中国玉米生产大省之一，常年播种面积达 250 千 hm^2 左右，总产约 1 000 万 t。河北玉米为维护国家粮食安全作出了重要贡献。河北省在玉米品种选育方面成果丰硕。据统计，从 1975～2007 年，河北省使用的审（认）定品种达 284 个，绝大多数为省内育成。但是，该省在特用玉米研究与生产上起步较晚。这与特用玉米品种育种力量相对薄弱不无关系。1986—2004 年，河北省审（认）定了128 个玉米品种，特用玉米品种仅有 15 个，占审定品种总数的 11.7%，而普通玉米占到 88.3%。近年来，随着种植业结构调整和畜牧业的蓬勃发展，青贮玉米育种工作得到较快发展，多个青贮玉米品种相继通过河北审（认）定。2006 年河北省审（认）定的青贮玉米品种有万青饲 1 号、

巡青 518；2008 年审（认）定的青贮玉米品种有巡青 818、曲辰 9 号、青田 88；2009 年审（认）定了东亚青贮 1 号；2010 年审（认）定了中瑞青贮 19 号和桑草青贮 1 号；双玉青贮 5 号在 2012 年通过河北省品种审定委员会审（认）定。

二、青贮玉米的分布和品种类型

（一）分布

青贮玉米的分布遍及全国，其生产环境要求简单，只要有种植玉米的地方就能种植青贮玉米。

> 在黄淮海平原和中国南北气候过渡地带的二熟制条件下，依不同前茬，可以夏播种植。

> 在东南丘陵秋播玉米产区的多熟制条件下，可以秋播种植。

> 在四川盆地可因地春播或夏播种植。

> 在西南山地和云贵高原可因地因时进行冬播或四季种植。

> 在东北、华北北部雨养和旱作玉米产区，西北绿洲灌溉玉米产区，青藏高原等玉米种植区的一熟制或二年三熟制条件下，可以春播种植（表 1-1）。

目前，青贮玉米的主产区在春播玉米产区和夏播玉米产区范围内。

表 1-1　适合我国不同地区种植的青贮玉米品种（品系）

地　区	品种或品系	品种或品系	品种或品系
东北地区	中原单 32 号 龙青 1 号 吉单 4011 郑单 958 华农 1	阳光 1 号 高油 106 铁吉 11 高油 4515 科多 4	龙辐单 208 号 吉饲 9 号 东青 1 号 先玉 335

（续表）

地　区	品种或品系	品种或品系	品种或品系
黄淮海地区	中北 410 金岭 14 三北 6 郑青贮 1 号 武试 608 科多 8 号 北农青贮 208 三元青贮 2 号	北青贮 1 号 金岭 80 通油 1 号 武试 981 武试 601 北农青贮 303 京科青贮 516 中单青贮 29	金岭 44 高油 115 中原单 32 号 武试 335 武试 602 北农青贮 316 京科青贮 301
西北地区	中单 2 号 瑞德 2 号 辽丹青贮 529 科青 1 号 新育 01 新沃 2 号	掖单 4 号 瑞德 1 号 中北 410 青试 01 新育 02 新沃 1 号	唐单 1 号 青贮 67 科多 8 号 农大 647 中原单 32 号
西南地区	J36 1081 奥玉 5102 雅玉 8 号 农大 3138	QUAN 饲草 1 号 白顶 青饲 01 中原单 32 号	Q318 晋单 2 号 新青 2 号 白顶 2 号

例如，河北省玉米生产主要分布在两大区域，一是省中南部的夏播玉米区，其产量约占全省的 80%，是河北省玉米的主产区，品质较好；另一区域是北部的春播玉米区，主要集中在承德、张家口、秦皇岛、唐山等地，该区域受光热资源的限制，通常种植一季作物玉米，因其生长期长，品质较优，在全国粮食市场享有较高声誉。另外从种植区划上看，据研究，河北省玉米又通常划分五大种植区，即：冀中南山前平原夏玉米区、冀中南低平原夏玉米区、冀东春夏玉米混种区、冀西北春玉米区、冀东北春玉米区。能种植玉米的区域就能种植青贮玉米。

河北省玉米的消费结构大致是饲料玉米占 80%，工业原料占 10% 左右，食用玉米占 7%~8%。随着畜牧业和玉米深加工的迅猛发展，对饲用玉米的需求越来越多，这就为饲用玉米、青贮玉米的选育与推广应用创造了契机。

据庞冬梅等（2011）资料，仅冀西北每年播种青贮玉米面积达到26.7千hm²，但生产中广泛存在粗放栽培的问题，直接表现为单位面积青体产量低、品质差，最突出的是配套高产栽培技术跟不上。因此，在推广种植青贮玉米过程中，还要注重搞好科学试验示范、青贮玉米良种引进以及配套高产栽培技术研究工作。

青海省随着农业区全膜双垄地膜技术的普及推广，玉米种植面积逐步扩大。据青海省《2014年国民经济和社会发展统计公报》，青海省全年农作物总播种面积553.70千hm²，其中，粮食作物播种面积280.10千hm²，粮食产量104.81万t。粮食作物中的玉米当年播种面积达27.00千hm²，总产量达18.65万t，玉米的生产为青海省畜牧业持续发展提供了有力支撑。青海省2014年全年玉米秸秆年青贮量约34万t、黄贮量约21万t、加工秸秆草颗粒产品2万t，玉米秸秆综合利用率达到45.2%。

（二）品种类型

1. 植株类型　青贮玉米按植株形态特征可分为单秆紧凑型和分枝型。

单秆紧凑型青贮玉米品种基本无分蘖，一般植株比较高大，叶片繁茂，茎秆粗壮，有1～2个果穗。该类品种主要通过适当提高种植密度、增加单株重量来提高产量。单秆单穗型主要有龙单24、龙单26、龙辐单208、中原单32等，这些品种在生产上较多应用。单秆多穗品种如科多4号等，生产上应用较少。

分枝型也叫分蘖型。此类型青贮玉米品种分蘖力强，茎叶丛生，单株绿色器官产量高，一般穗子较多，植株青穗比例高，蛋白质含量高，以其做青贮饲料质量较高，生产上利用价值较高。近年加拿大等国家开始选育专用的分枝型玉米杂交种，育成的品种中含有大量的可消化蛋白质。目前，中国已有分枝型青贮玉米品种如京多 1 号、华农 1 号、科多 8 号、新多 2 号、龙牧 3 号等。

2. 熟期类型 玉米生育期是指播种出苗至成熟的天数。按生育期分类主要是由于玉米遗传上的差异，不同的玉米类型从播种出苗至成熟所经历的天数即生育期不一样。

根据生育期的长短，通常可分为早熟、中熟、晚熟三个类型。青贮玉米亦如此，若不细分，青贮玉米一般可概括为早熟、中熟和晚熟三大类群。

（1）早熟类 指在某一地区生育期较短的品种。春播生育期 70 ~ 100 天，≥10℃积温 2 000 ~ 2 200℃；夏播生育期为 70 ~ 85 天，≥10℃积温 1 800 ~ 2 100℃。这类品种一般植株矮小，叶片数量较少，叶片数 14 ~ 17 片，千粒重 150 ~ 200g，生物产量较低。

（2）中熟类 指某一地区生育期介于早、晚熟品种之间的品种。植株叶片数多于早熟种而低于晚熟种。春播生育期为 101 ~ 120d，≥10℃积温 2 300 ~ 2 500℃；夏播生育期为 86 ~ 100d，≥10℃积温 2 100 ~ 2 200℃，这类品种株高中等，千粒重 200 ~ 300g。

（3）晚熟类 指某一地区生育期 120 天以上，≥10℃积温 2 300 ~ 2 500℃。这类品种一般植株高大，叶片多，21 ~ 25 片，籽粒大，千粒重高，300g 以上，生产潜力大。

各地可因种植地点和播期不同选用不同熟期类型的品种。

例如，在高纬度的黑龙江北部地区，受热量条件限制，可选用早熟类型品种，例如龙牧 3 号、江单 2 号、江单 3 号，龙辐玉 2 号、海玉 8 号等。

在春播一熟制地区，为了充分利用生长季节，可选用中熟和中晚熟类型品种，例如在辽宁省南部地区可选用晚熟类型品种如辽单青贮 625、三北青贮 17、登海青贮 3930 等。

在夏播条件下，适应于前、后茬关系，一般可选用中早熟或中熟类型品种。

国内玉米主产省区之一的河北省位于华北平原，地域广袤，生态环境和气候条件适于玉米生长，玉米种植遍及全省各地。河北省青贮玉米可春播也可夏播。在河北北部春播玉米区可选用青贮玉米品种主要有：京科青贮516、登海青贮3930、辽单青贮625、豫青贮23、京科青贮301、中北青贮410，奥玉青贮5102、屯玉青贮50、三北青贮17、辽单青贮529、雅玉青贮27、登海青贮3571、锦玉青贮28等。

河北夏播青贮玉米品种主要有：万青饲1号、巡青518；巡青818、曲辰9号、青田88；东亚青贮1号；中瑞青贮19号和桑草青贮1号；双玉青贮5号定。

> 推荐品种　中北青贮410，2004年通过国家农作物品种审定委员会审定。该品种从出苗至青贮收获天数111d，比农大108晚3～5d。该品种成株叶片为17～19片，株高309cm，穗位143cm。果穗筒型，穗行数14～16行，穗轴白色，籽粒黄色，粒型为硬粒型。
>
> 奥玉青贮5102，2004年通过国家农作物品种审定委员会审定。出苗至籽粒成熟130d，比农大108晚10d左右。株型半紧凑，株高305cm，穗位150cm，全株叶片数22～23片，穗行数18行。

第二节
青贮玉米的营养品质和影响因素

一、营养品质

近年来，畜牧业飞速发展，对饲草料的需求日益增加，作为特种玉米之一的青贮玉米日益受到人们的青睐，青贮玉米生产和利用得到较快发展。

青贮玉米的利用部位包括果穗、秸秆在内的整个植株。全株玉米青贮营养丰富、消化率较高。全株青贮是在玉米乳熟期至腊熟期之间刈割，将茎、叶、穗等部位全株进行青贮的一种青贮模式。青贮玉米与普通玉米相比，青贮玉米一般具有较好的持绿性及较高的生长优势，在成熟时叶片含水量和叶绿素含量均较高，汁液丰富，气味香芳，适口性好。

资料显示（朱春华，2014），用全株玉米青贮料饲喂奶牛，在管理条件相同的情况下，消化率可提高 12%，泌乳量增加 10%～14%，乳脂率提高 10%～15%，牛奶的产量增加，每头奶牛一年可增产鲜奶 500kg 以上，节省 1/5 的精饲料，从而实现养殖业增效。对于奶牛本身来说，长期饲喂全株玉米青贮饲料也有很多好处。奶牛发情期规律，排卵正常，配种准胎率提高，产犊间隔缩短；毛色光亮，体质良好，发病率降低；可延长产奶高峰期，提高牛奶产量；能提高乳品质量，增加经济效益。另外，青贮玉米还是优质稳定的饲料来源。全株玉米青贮所加工而成的饲料耐贮藏不易损坏，长期保持青鲜状态，有芳香味，是奶牛在冬春季节的良好多汁饲料。种植 2～3 亩①青贮玉米即可解决一头高产奶牛全年的青粗饲料供应，可以从根本解决枯草季节饲草供应不足和饲草质量不高的问题，为奶牛的稳产高产提供物质保障。

青贮玉米植株高大，茎叶繁茂，营养丰富，养分全面。以适期收获后的秸秆为例，用于饲料，营养品质好，含有碳水化合物、粗蛋白、粗脂肪、洗涤纤维、胡萝卜素、维生素 B_1 和维生素 B_2 等。玉米青贮饲料是高能量、低蛋白发酵饲料，是发展畜牧业的主要饲料来源。

青贮玉米具有营养价值高、非结构碳水化合物含量高、木

---

① 注：1 亩≈667m²，全书同

质素含量低等优点，能有效保存蛋白质和维生素，矿物质丰富，有良好的消化和吸收率。一般根据动物离体试验、纤维素的类型和营养成分将青贮玉米品质的划分标准归纳为中性洗涤纤维含量、粗蛋白含量、木质素含量、细胞壁消化力、酸性洗涤纤维含量和离体消化力。优良的青贮玉米杂交种一般果穗较大、生物产量较高，果穗干重占整株干重的 40% ~60% 时品质较好，且比重越大，品质越好。现在一般认为较好的青贮玉米杂交种，其质量指标：淀粉含量高于28%、粗蛋白大于7%、酸性洗涤纤维小于22%、中性洗涤纤维小于45%、离体消化力大于78%、木质素含量小于3%、细胞壁消化力大于49%；乳熟到蜡熟期收获的青玉米，干物质含量30% ~40%，干物质产量应高于25t/hm^2。

> 青贮玉米营养成分含量多少因具体品种而异。
>
> **粮饲兼用型青贮玉米品种** 植株营养体高大、果穗较为发达，籽粒产量较高，营养物质含量高；成熟期茎叶青绿，消化率亦较高。如中原单32号，春播生育期110d，夏播80 ~90d，属中早熟品种。品质检测籽粒含蛋白质12.8%，含脂肪4.3%，赖氨酸0.3% ~0.4%，淀粉68.1%，支链淀粉47.7%。收获后秸秆含粗蛋白9.2%，含脂肪1.5%，纤维22.3% ~31.9%，总糖10.5%，适合于青贮发酵处理。
>
> **专用青贮型品种** 单产和消化率较高，但果穗发育较差，籽粒产量较低，营养物质含量偏低。

二、影响青贮玉米营养品质的因素

（一）栽培措施的影响

品质是青贮型玉米品种重要评价因素之一。青贮玉米的品质，国内通常采用粗蛋白含量、粗脂肪含量、粗纤维含量、无氮浸出物和灰分含量等指标判断饲料的营养品质。目前，国际上通常根据营养成分、纤维素的类型和动物离体实验等对青贮玉米品质进行划分，常用的指标有粗蛋白含量、淀粉含量、中性和酸性洗涤纤维含量、木质素含量、离体消化力和细胞壁消化力。影响青贮玉米品质的因素很多，不同的青贮玉米品种，其营养品质差异很大，另外栽培技术、外界环境条件等都会影响其品质。

1. 栽培措施对青贮玉米品质影响 栽培措施是影响青贮玉米品质的重要因素。国内外研究结果表明，施肥对玉米籽粒的营养品质有显著影响，而在青贮玉米营养品质对密度与肥料的反应方面，国内外前人的研究尚不系统、机理尚不明确。

郭顺美（2007）在栽培措施对青贮玉米粗脂肪含量及产量的影响研究中，采用三因素最优饱和设计，系统研究了 N 肥、P 肥与种植密度三因素对不同收获时期青贮玉米粗脂肪含量及产量的影响。研究中发现，粗脂肪含量不仅受 N、P 与种植密度三因子影响，而且受收获期的制约。散粉期收获，高 N、中 P、低密条件下，粗脂肪含量最高；灌浆期收获，中 N、低 P、低密条件下，粗脂肪含量最高；乳熟期收获，中 N、中 P、低密条件下，粗脂肪含量最高。散粉期和灌浆期收获，密度对粗脂肪产量的影响不显著。灌浆期和乳熟期收获，粗脂肪产量随密度增加显著下降。结果表明，N、P 与密度是影响粗脂肪含量与产量的重要因子。随着收获期推迟，密度与 N 对粗脂肪含量的作用逐渐增强，P 的作用逐渐减弱。对粗脂肪产量的作用因不同收获期而异。总的来说，随 N、P 用量的增加，青贮玉米整株粗脂肪的含量及产量均呈单峰曲线变化，随密度的增大则略呈下降趋势。获得较高粗脂肪产量（170~390kg/hm^2）的适宜施 N 量为 165~225kg/hm^2，施 P 量为 65~140kg/hm^2。

2. 种植方式对青贮玉米品质的影响 种植方式也是青贮玉米品质的影响因素之一。以东北春玉米区为例，黑龙江省北部地区气候寒冷，年平均≥10℃的积温只有2 000℃左右，适宜作物生长的时间短，目前大部分专用青贮玉米品种在此地种植都不能很好生长，主要表现为籽实成熟差（或无籽实）和水分含量大，严重影响青贮发酵质量，不利于奶牛养殖业的健康发展。该地区也种植个别极早熟籽实玉米品种，但植株矮小，地上生物产量低。把不同生育期玉米品种混播混收，不但可以获得较高的生物产量，还可以收获较多的玉米籽实产量，增加碳水化合物含量，从而促进乳酸发酵，改善青贮饲料品质。

李刚（2008）在混播对青贮玉米产量和品质的影响研究中，通过对早熟、中熟、晚熟3个不同生育期的玉米品种进行1：1：1间行混播混收和同行1：1：1混播混收试验，探讨了混播对不同品种玉米生育阶段、主要农艺性状（株高、茎基直径、绿叶数等）、产量和饲用品质（粗蛋白、中性洗涤纤维、酸性洗涤纤维、粗脂肪、粗灰分、淀粉等）的影响。结果表明，混播对于各品种玉米生育阶段和主要农艺性状影响不显著；混播显著提高干物质产量和饲用品质，与单播处理相比，不同生育期的玉米混播混收，增加了粗蛋白和淀粉含量，降低了中性洗涤纤维和酸性洗涤纤维含量，对粗脂肪和灰分无显著影响；进行品质和产量综合评价的结果为：间行混播＞同行混播＞海玉8号＞中原单32＞东青1号。

高洪雷（2009）在混播对青贮玉米生长、产量和饲用品质的影响研究中，以中熟的中原单32和晚熟的东青1号两个青贮玉米品种为材料，进行同行混播及2：2间行混播，研究不同混播方式与青贮玉米各生育时期、产量和饲用品质的关系。结果表明：不同混播方式对青贮玉米品种生育时期无显著影响。这与李刚等研究结果一致；在混播各处理中，中原单32达到乳熟末期时混合收获，可显著提高干物质产量（$P < 0.05$），但鲜重产量差异不显著（$P > 0.05$）；东青1号达到乳熟末期时混合收获，鲜重产量显著提高（$P < 0.05$），但干物质产量差异不显著（$P > 0.05$）；在混播各处理中，以2：2比例进行间行混播，并在中原单 32 达到乳熟末期时进行混合收获，可显著提高粗蛋白质含量和粗脂肪含量（$P < 0.05$）。显著降低中性洗涤纤维含量和酸性洗涤纤维含量（$P < 0.05$），饲用品质显著提高（$P < 0.05$）。混播处理与单播处理在影响青贮玉米品质指标方面基本一致。

因此，在积温不足的东北春播玉米地区选择适宜的青贮玉米品种进行混播是关键；其次是确定科学的混播比例，合理搭配晚熟和早熟品种，充分发挥品种优势，对提高混收的干物质产量和品质具有显著的促进作用。

（二）种植密度的影响

青贮玉米作为畜牧业的重要饲料来源，不同于以籽粒收获为目标的普通玉米，其栽培目的是生产更多更优质的饲料。通常，生产籽粒产量的适宜密度与生产饲料干物质产量的适宜密度并不一致。对青贮玉米来说，不是单纯追求秸秆产量或籽粒产量，而是为了获得较高的可消化总养分产量来满足畜禽饲养，因此应遵循籽粒和秸秆、产量和品质均达最佳原则。

国外有研究认为，较高的种植密度有利于提高青贮产量，但是高密度种植青贮玉米会降低青贮玉米的品质；随着种植密度的增加，玉米全株的酸性洗涤纤维（ADF）、中性洗涤木质素（ADL）和纤维素含量增加 20%～40%；高密度种植导致 ADF 和 NDF（中性洗涤纤维）增加，粗蛋白含量下降。

目前，中国饲用玉米生产中也通过密度不断增加来获得较高的干物质产量，但是在实际生产中，往往由于种植密度过大而引起玉米倒伏和病虫害发生加重，造成青贮玉米饲用产量和品质下降。关于收获期和施肥等措施对青贮玉米营养价值影响的研究较多，但有关密度对青贮玉米饲用营养影响研究较少。

陈刚（1989）研究指出，种植密度对玉米青贮饲料的干物质含量和脂肪含量有显著影响，干物质含量和脂肪含量都比较高。

路海东（2014）在密度对不同类型青贮玉米饲用产量及营养价值的影响研究中，选用了青贮型玉米科多 8 号和粮饲兼用型玉米陕单 8806。结果表明：青贮玉米的群体干物质产量、籽粒产量和最佳饲用营养产量的最佳适宜密度不同。籽粒产量的最佳适宜密度较低，群体干物质产量的最佳适宜密度较高，而饲用营养产量的最佳适宜密度则介于二者之间。密度对不同类型青贮玉米的营养含量影响显著，植株粗蛋白（CP）、无氮浸出物（NFE）、粗灰分（CA）的含量随密度增加呈下降趋势，粗脂肪（EE）和粗纤维（CF）的含量随密度增加呈增加趋势。

张秋芝（2007）在不同种植密度对青贮玉米品质的影响研究中认为：种植密度对粗蛋白和 ADF 含量没有显著影响，但对 NDF 含量影响较大，较高的种植密度可以增加 NDF 的含量，导致品质下降。种植密度对青贮玉米品质的影响与品种有关，与品种存在互作。

潘丽艳（2011）在种植密度对不同类型青贮品种品质性状的影响研究中表明：随着种植密度的增加，青贮玉米品种粗蛋白、粗脂肪和可溶性总糖含量降低，粗纤维含量增高。

（三）施肥的影响

玉米正常生长发育的必需矿质元素中，包括大量元素和微量元素。其中，大量元素为 N、P、K、Ca、Mg、S。微量元素包括 Mg、Cu、Zn、Mo、B 等。青贮玉米是草食家畜生产不可或缺的粗饲料资源。生产实践中，合理的栽培措施是提高青贮玉米营养品质和饲用价值的非遗传因素，营养品质和饲用价值高低与施肥有着密不可分的关系。在重视 N、P、K 肥施用的前提下，应充分考虑微量元素的作用，注意做到平衡施肥。

1. 氮肥施用对青贮玉米品质的影响　大量研究表明，合理施肥、平衡施肥、提高肥料利用率是保证作物高产稳产的重要措施，生物产量的提高是作物高产的基础，而施肥是调控生物产量及其组分动态转化的重要手段，青贮玉米对 N 肥的反应尤其敏感，N 是限制青贮玉米产量的关键的因子，因此 N 肥的施用及施用量对青贮玉米的产量和品质起着关键作用。

茎叶比反映植物叶量在生物总量中所占比例的大小，是评定不同玉米品种草质的主要参考指标。叶的纤维素含量低，叶绿素、蛋白质、类胡萝卜素含量高，大部分家畜对叶的采食率高于茎。因此，茎叶比比例越低，营养物质含量就越多，适口性就越强，牧草的品质也就越好。马磊（2013）在施肥种类（速效 N、缓释 N）、施 N 量对河北坝上不同生育期青贮玉米产量和品质影响研究中，各施 N 处理均增加了青贮玉米茎叶比。施 N 肥处理均显著提高青贮玉米的 SPAD（叶绿素）值和全株粗蛋白含量（$P<0.05$）。拔节期，缓释 Ⅲ 处理粗蛋白含量显著高于其他处理（$P<0.05$）。成熟期，缓释 ⅡB 的粗蛋白含量显著高于其他处理（$P<0.05$）。速效 N 分次施入青贮玉米的茎叶比、粗蛋白、鲜草产量和干草产量均高于一次施入，SPAD 值小于一次施入。

金秀华等（2010）在肥料运筹对青贮玉米产量和营养成分的影响研究中，通过青贮玉米肥料运筹试验，研究了青贮玉米的施肥量和施肥方式对产量和营养成分的影响。试验表明，青贮玉米雅玉 8 号在施肥量为 $285\sim375kg/hm^2$ 生物产量高，干物质产量随着施肥量的增加而增加。肥料施用量 $315kg/hm^2$，多施基肥不施穗肥的处理玉米生物产量最高，总体营养成分好，是较理想的施肥量和施肥方式。

徐敏云等（2011）研究底肥（牛粪厩肥和无机复合肥）、种肥（Zn 肥）和追肥（N 肥）的不同配比与施用量对青贮玉米营养品质和饲用价值的影响表明：底肥、种肥和追肥均显著影响青贮玉米的营养成分含量及饲用价值；底肥为厩肥、追施 N 肥更能有效提高青贮玉米营养成分含量和饲用价值。基施 $50\,000kg/hm^2$ 的牛粪厩肥、$15kg/hm^2\ Zn_2SO_4\cdot6H_2O$ 拌种、播后 25d 追施尿素 $300kg/hm^2$，青贮玉米的营养品质和饲用价值最高。

2. 钾肥施用对青贮玉米品质影响 K 元素有"品质元素"之称，对碳水化合物的合成和转化都起着重要作用，是植物生长发育中最重要的矿质元素之一。K 充分活化了淀粉合成酶等酶类，使单糖向合成蔗糖、淀粉方向进行，可增加贮藏器官中蔗糖、淀粉的含量，当 K 不足时淀粉水解成单糖，进而影响植物体内的碳水化合物含量。K 可以促进光合产物的运输，影响光合产物在植物各器官中的分配，促进糖、淀粉的合成和运输。K 素有利于提高茎中果聚糖、蔗糖、果糖和葡萄糖在灌浆期间的积累，促进灌浆后期果聚糖的降解及蔗糖、果糖和葡萄糖的输出。K 素在一定程度上影响植物体内的碳水化合物含量。

李洪影等（2010）研究了钾肥对不同收获时期青贮玉米碳水化合物积累的影响。研究表明，施用 K 肥可显著提高青贮玉米中果糖、蔗糖、可溶性总糖和淀粉含量和鲜草产量（$P<0.05$），其中，施钾（K_2O）112kg/hm² 效果最佳。施钾（K_2O）112kg/hm² 并于蜡熟初期收获是青贮玉米东青 1 号栽培利用的适宜组合。

3. 锌肥施用对青贮玉米品质影响 Zn 是植物体内 200 多种酶的组成成分，参与叶绿素和生长素的合成、P 和碳水化合物的代谢，并能促进核酸和蛋白质的合成，调节淀粉的合成。缺 Zn 导致作物生长缓慢，植株矮小，生物量明显下降，有效穗减少，结实率和粒重下降，蛋白质合成受阻，从而影响产量和品质。施用适当的 Zn 肥，能显著增加叶片的叶绿素含量，提高光合强度和光合作用效率，显著促进玉米植株生长。

徐敏云（2011）研究底肥（牛粪厩肥和无机复合肥）、种肥（Zn 肥）和追肥（N 肥）的不同配比与施用量对青贮玉米营养品质和饲用价值的影响。结果表明：Zn 肥作为种肥，可显著影响青贮玉米的营养品质和饲料价值。辅助施用种肥可以提高青贮玉米的营养品质和饲用价值，但过高种肥反而降低了青贮玉米的营养品质。

（四）收获时期的影响

青贮玉米的营养价值决定于所含营养成分。青贮玉米的营养成分主要包括粗蛋白、粗脂肪、粗纤维、粗灰分和无氮浸出物。青贮玉米植株中营养成分含量受收获期影响较大。青贮玉米以营养生长占优势，营养成分在其生长后期不能充分向生殖器官转移。收获过早虽营养成分含量高，但草产量低，鲜草含水率大，不利于青贮。收获过晚，受气候条件影响，营养物质不能再生产，且养分由源向库转移受到限制，导致产量和品质降低。适期收获是获得优质青贮饲料必要的前提条件。多数研究认为，青贮玉米的最适收获期在乳熟期和蜡熟期之间，此期秸秆和籽粒的营养质量高，木质素含量低，适口性好，家畜消化吸收好。

典型案例：通过文献推导本地适宜收获期

张瑞霞（2006）对不同青贮玉米品种（东陵白、金坤9号、科试1号、农大647、中北410、华农1号）不同时期收获营养成分变化进行研究。结果表明，随着收获期推迟，植株粗蛋白、粗脂肪与粗纤维的积累量增加，但粗蛋白、粗纤维含量逐渐降低，粗脂肪无明显变化规律。营养成分在植株器官中的分配因品种与收获期而异。在开花散粉期收获，粗蛋白分配量表现为绿叶＞茎鞘＞果穗；乳熟期收获表现为果穗＞绿叶＞茎鞘。不同收获期粗脂肪的分配表现为绿叶＞雌穗＞茎鞘。粗纤维随收获期推迟，绿叶和茎鞘中的分配量递减，而果穗中分配量增加。

张亚龙（2007）对收获期对寒地青贮玉米营养价值影响研究结果表明，随收获期推后，青贮玉米植株粗蛋白、粗纤维含量呈递减趋势，粗脂肪变化规律不明显。但它们的积累量与干物质量呈正相关，均呈递增趋势。授粉后30d前以叶片中粗蛋白最多，其次是果穗，茎秆中最少；授粉30d以后以果穗中较多。粗脂肪在授粉后20d前主要分布在茎和叶中，随着收获期的推后，果穗中粗脂肪含量逐渐升高。粗纤维随着收获期的延迟果穗中含量逐渐减少，茎和叶中的含量逐渐上升。

朱树国（2008年）在不同收获期青贮玉米品种（东陵白、金坤9号、科试1号、农大647、中北410、华农1号）粗灰分和无氮浸出物的积累与分配研究中，结果表明，随着收获期推迟，粗灰分与无氮浸出物含量与积累量基本为递增趋势。粗灰分与无氮浸出物在植株器官中的分配因品种与收获期而异。内蒙古自治区（以下简称内蒙古）8月11日收

获，无氮浸出物含量在茎鞘中含量较高，绿叶和果穗中均较低，8月26日与9月12日收获果穗和茎鞘中含量均较高且显著高于在绿叶中的含量。呼和浩特地区青贮玉米适宜收获期应在乳熟中后期，此期收获营养物质积累量高，可消化养分多，木质素含量低，植株含水率低，有利于高质量青贮。呼和浩特地区青贮玉米适宜收获期应在乳熟中后期。此期收获植株营养物质积累量高，可消化养分多，木质素含量低，植株含水率低，有利于高质量青贮。

杨浩哲（2013）利用专用型青贮玉米雅玉8号、普通玉米郑单958、普通玉米都单20三个品种，在洛阳农林科学院试验，对不同收获时期的玉米青贮前后养分变化研究结果表明，随着籽粒灌浆和成熟度的提高，全株蛋白在青贮前后均有不同下降，但青贮后下降不明显；粗脂肪含量整体呈前高后低的趋势，但相同品种在同一天青贮后粗脂肪含量明显高于青贮前，粗纤维、酸性洗涤纤维及中性洗涤纤维均呈逐渐下降趋势。

李洪影等（2010）在K肥对不同收获时期青贮玉米碳水化合物积累的影响研究表明，乳熟初期收获，青贮玉米中果糖含量最高；乳熟末期收获，蔗糖含量最高；蜡熟初期收获，鲜草产量和可溶性总糖含量最高；蜡熟末期收获，淀粉含量最高。通过分析指标，可以确定蜡熟初期收获是青贮玉米东青1号的最佳收获时间。

付忠军（2014）在采收期对青贮玉米品质和产量研究中表明渝青玉3号的采收期对青贮玉米品质和产量均有不同程度影响。随着采收期推迟，干重一直增加，鲜重不断降低，秸秆中ADF（酸性洗涤纤维）和NDF（中性洗涤纤维）含量不断增加，粗蛋白含量和IVODM（体外有机物降解率）不断降低，粗脂肪含量先升高后下降，籽粒中粗蛋白和赖氨酸含量呈下降趋势，粗淀粉含量呈上升趋势，粗脂肪含量先上升后下降。研究显示，授粉后27~34d是西南地区青贮玉米最佳采收时期。

综上所述，呼和浩特地区青贮玉米适宜收获

中后期。此期收获植株营养物质积累量高，可消化养分多，木质素含量低，植株含水率低，有利于高质量青贮。而授粉后 27 ~34d 是西南地区青贮玉米最佳采收时期。从干物质产量、营养物质含量综合分析，在黑龙江省东北部地区青贮玉米的适宜收获期为授粉后 40 ~50d，对于个别晚熟品种可适当延长收获时间。

（五）其他

除栽培措施、种植密度、施肥、收获期等因素外，机械加工方式、不同贮藏方式等或多或少也影响着青贮玉米的营养品质。

1. 不同贮藏方式对青贮玉米品质的影响 青贮饲料是指在人工控制的条件下，利用微生物厌氧发酵来保存青绿饲料营养的一项技术，利用该技术可以将青绿饲料中的营养物质最大限度地保存下来。设计科学合理的青贮窖是完成人工控制发酵的关键场所，目前，在规模化奶牛养殖场中，青贮窖建设投资较大，建造合理将提升青贮原料的发酵品质。

研究表明，不同的青贮窖将对青贮的发酵效果产生不同的影响。合理选择青贮窖是保证青贮品质的关键。由于在发酵过程中乳酸菌不同，其产酸能力也不同，将会影响不同的抑菌素和芳香物质，对青贮品质产生不同的影响。青贮窖的深度及青贮的覆盖方式会对青贮品质产生直接影响。

但是，王鹏宇等（2014）在对地上青贮窖与平地青贮窖不同贮藏方式对全株玉米青贮品质影响的研究中表明：两种贮藏条件下，贮存量无明显差异，但在损耗率上差异显著，地上青贮明显低于平地青贮；从青贮饲料的感官指标看，两种贮藏方式下，饲料的外观品质差异不显著，均具酸香味，质地柔软并且湿润；从两种贮藏方式青饲料的常规营养成分分析看，两者差异不显著，但平地青贮的粗蛋白、Ca、NDF 含量高于地上青贮，ADF 则相反；两种不同发酵条件下青贮玉米饲喂奶牛后，产奶量、乳脂率、乳蛋白率、干物质、乳糖含量均差异不显著（$P > 0.05$）。

由此可知，两种发酵条件下青贮玉米的发酵品质相近，且发酵效果好，均达到了较好的应用效果，地上青贮窖藏和平地青贮窖藏对青贮玉米发酵品质无影响。该研究结果进一步表明，在奶牛生产中推广高品质青贮玉米，对于提升奶牛生产性能、提高养殖效益发挥着重要作用，作为饲料之王的玉米，在推动畜牧业的发展中起着重要的作用。

2. 切碎长度对玉米青贮品质的影响研究　在奶牛饲料中，青贮饲料是奶牛冬春季节重要的基础饲料，甚至常年供应。青贮料又以青贮玉米作为较好的青贮原料。因此，将全株玉米在蜡熟期进行青贮，尤其是奶牛养殖小区（场、户）显得更为重要。目前，中国用全株玉米进行青贮正在进一步推广，但在传统农区、新增奶牛养殖户还比较缺乏全株玉米青贮制作实践，青贮的玉米切碎细度仍是 3~5cm，而国外对奶牛青贮饲料（全株玉米青贮）的切碎细度以 1cm 左右进行全面推广使用，在荷兰，玉米青贮切碎长度几乎均在 6~8mm。在中国利用全株玉米进行不同切碎长度青贮的比较研究的相关报道甚少。

叶方（2013）对全株玉米进行不同切碎长度对青贮品质的影响研究，玉米全株切碎长度分别为 1.5cm、2cm、3cm。研究表明，不同切碎长度对全株玉米青贮料品质有一定的影响。根据青贮后感观评定、化学评定以及相关营养指标的分析评定，该试验中切碎长度较短的青贮饲料品质优于切碎长度较长的青贮料，其中 1.5cm 组优于 2cm 和 3cm 组。这可能是全株玉米切碎相对较短时，在青贮调制过程中更易压实，使青贮容器中的空气残留量相对较少，各种需氧菌和兼性厌氧菌首先生长繁殖消耗氧气，同时存活的植物细胞继续呼吸、各种酶的活动也消耗氧，使青贮形成厌氧环境的时间缩短，很快形成有利于乳酸菌生长的条件，抑制腐败菌和丁酸菌的生长，从此乳酸菌就旺盛生长，充分利用全株玉米中的水溶性碳水化合物等养分形成乳酸，使 pH 迅速降至 4.0 以下，从而抑制各种微生物（包括乳酸菌）的活动，青贮料进行完成保存期，致使切碎长度较短的青贮料中各种发酵品质优于较长青贮，原料养分的损失低于较长青贮。

第二章

青贮玉米实用栽培技术

第一节
选用适宜的优良品种

一、选用品种

选用高产、优质、抗逆、适应性强的优良品种，有效利用土壤、温、光、气、热等资源，是实现优质高产稳产的基础，是青贮玉米栽培技术体系的前提和关键环节。近年来，随着中国畜牧业的迅猛发展，对以青贮玉米为主的粗饲料的需求不断上升，专用青贮玉米种植面积逐年增大。为不断提高青贮玉米产量与品质，科技工作者在优良品种选育方面做了大量工作，使大批的优质高产青贮玉米新品种不断涌现出来，目前可供选择的青贮新品种种类较多、范围较广。

二、青贮玉米品种名录

据中国种业商务网介绍，21 世纪以来，有如下品种。见表 2 - 1。

表 2 - 1　青贮玉米名录

品种	审（认）定编号	选育单位
京科青贮 516	国审玉 2007029	北京市农林科学院玉米研究中心
雅玉青贮 27	国审玉 2006054	四川雅玉科技开发有限公司
中农大青贮 GY4515	国审玉 2006050	中国农业大学
大京九 23	国审玉 2007007	河南省大京九种业有限公司
郑青贮 1 号	国审玉 2006055	河南省农业科学院粮食作物研究所
京科青贮 301	国审玉 2006053	北京市农林科学院玉米研究中心

（续表）

品种	审（认）定编号	选育单位
豫青贮23	国审玉2008022	河南省大京九种业有限公司
中农大青贮67	国审玉2008004	中国农业大学
太玉511	晋审玉2010033	太原三元灯现代农业发展有限公司
金刚青贮50	国审玉2007028	辽阳金刚种业有限公司
锦玉青贮28	国审玉2007031	锦州农业科学院玉米研究所
晋单青贮42	国审玉2005032	山西省强盛种业有限公司
强盛青贮30	国审玉2007026	山西省强盛种业有限公司
辽单青贮178	国审玉2007030	辽宁省农业科学院玉米研究所
登海青贮3571	国审玉2007027	山东登海种业股份有限公司
雅玉青贮26	国审玉2006056	四川雅玉科技开发有限公司
屯玉青贮50	国审玉2005033	山西屯玉种业科技股份有限公司
奥玉青贮5102	国审玉2004026	北京奥瑞金种业股份有限公司
登海青贮3930	国审玉2006057	山东登海种业股份有限公司
雅玉青贮8号	国审玉2005034	四川雅玉科技开发有限公司
群策青贮8号	川审玉2009025	四川群策旱地农业研究所
正青贮13	川审玉2009026	四川省农业科学院作物研究所 宜宾市农业科学院
中北青贮410	国审玉2004025	山西北方种业股份有限公司
青贮曲辰九号	冀审玉2008043号	云南曲辰种业有限公司
蜀玉青贮201	川审玉2008014	蜀玉科技农业发展有限公司
三北青贮17	国审玉2006051	三北种业有限公司
中农大高油5580	豫审玉2006019	中国农业大学
雅玉青贮79491	国审玉2009014	四川雅玉科技开发有限公司
中农大青贮67	蒙认饲2009001号	中国农业大学
京单青贮39	京审玉2009006	北京市农林科学院玉米研究中心
伊单76	蒙认饲2010001号	鄂尔多斯市农业科学研究所
北农青贮308	京审玉2008029	北京农学院植物科学技术学院
成单青贮1号	川审玉2008012	四川省农业科学院作物研究所
明青贮1号	闽审玉2010001	福建省三明市农业科学研究所 福建六三种业有限责任公司

（续表）

品种	审（认）定编号	选育单位
川单青贮1号	川审玉2008011	四川农业大学玉米研究所 四川川单种业有限责任公司
北农青贮316	京审玉2009007	北京农学院植物科学技术学院
群策青贮5号	川审玉2008013	成都阳光种苗有限公司 四川省群策旱地玉米研究所
辽青青贮625	国审玉2004027	辽宁省农业科学院玉米研究所
FF10000	蒙认饲2007006号	巴彦淖尔市科河种业有限公司
三元青贮1号	蒙认饲2009002号	北京三元农业有限公司种业分公司
农锋青贮166	京审玉2008021	北京万农先锋生物技术有限公司
大丰青贮1号	晋审玉2010034	山西大丰种业有限公司
辽单青贮529	国审玉2006052	辽宁省农业科学院玉米研究所
中单青贮29	京审玉2008022	中国农业科学院作物科学研究所
巡青518	冀审玉2006046号	宣化巡天种业新技术有限责任公司
中农大青贮67	国审玉2004028	中国农业大学
晋饲育1号	晋审玉2008022	山西省农业科学院农作物品种资源研究所
青贮田青88	冀审玉2008044	张家口市田丰种业有限责任公司
万青饲1号	冀审玉2006045号	河北省万全县华穗特用玉米种业有限责任公司
耀青青贮4号	闽审玉2011005	广西南宁耀洲种子有限责任公司
农研青贮1号	京审玉2008003	北京市农业技术推广站
青贮巡青818	冀审玉2008042	宣化巡天种业新技术有限责任公司
牧玉2号	晋审玉2010035	山西省农业科学院畜牧兽医研究所
蒙农青饲1号	蒙认饲2004001号	内蒙古农业大学农学院

（续表）

品种	审（认）定编号	选育单位
闽青青贮1号	闽审玉2011006	福建省农业科学院作物研究所
北农青贮318	京审玉2011006	北京农学院
吉农大青饲1号	蒙认饲2011001号	吉林农业大学
天玉3000	国审玉2011019	云南隆瑞种业有限公司
京科青贮205	京审玉2011005	北京市农林科学院玉米研究中心
蜀玉青贮201	渝引玉2011006	四川蜀玉科技农业发展有限公司
宏博2106	蒙认饲2011002号	内蒙古宏博种业科技有限公司
科饲6号	川审玉2011025	中国科学院遗传与发育生物研究所 广西畜牧研究所 四川省金种燎原种业科技有限责任公司
辽单青贮625	蒙认饲2011003	辽宁省农业科学院玉米研究所
gb-4-2	蒙认饲2011004号	内蒙古农业大学农学院
西蒙青贮707	蒙审玉（饲）2013003号	内蒙古西蒙种业有限公司
双玉青贮5号	冀审玉2012032号	河北双星种业有限公司
中瑞青贮19	冀审玉2010018号	河北中谷金福农业科技有限公司
东亚青贮1号	冀审玉2009036号	辽宁东亚种业有限公司
桑草青贮1号	冀审玉2010019号	阳原县桑干河种业有限责任公司
文玉3号	蒙审玉（饲）2013001号	北京佰青源畜牧业科技发展有限公司
京农科青贮711	京审玉2013007	北京农科院种业科技有限公司
桂青贮1号	蒙认玉（饲）2013001号	广西壮族自治区玉米研究所
北农青贮356	京审玉2013006	北京农学院
中单青贮601	京审玉2012004	中国农业科学院作物科学研究所

（续表）

品种	审（认）定编号	选育单位
裕玉 207	黔审玉 2008004 号	遵义裕农种业有限责任公司
宁禾 0709	蒙审玉（饲）2013002 号	宁夏农林科学院农作物研究所
玉草 3 号	川审玉 2012032	四川农业大学玉米研究所
凯育青贮 114	京审玉 2013009	北京未名凯拓作物设计中心有限公司
青源青贮 4 号	京审玉 2013008	北京佰青源畜牧业科技发展有限公司
玉草 4 号	川审玉 2012033	四川农业大学玉米研究所
筑青 1 号	黔审玉 2013015 号	贵阳市农业试验中心
筑青 2 号	黔审玉 2013016 号	贵阳市农业试验中心

三、品种筛选和利用

（一）品种筛选

　　优质高产青贮玉米品种要求绿色体产量高、叶片浓绿繁茂、茎秆多汁、抗倒伏、生育期适中、品质好。在青贮玉米种植中，进行品种筛选试验，对于增加优良品种储备至关重要。为选出适宜种植的优质高产稳产的青贮玉米品种，各地进行了大量的品种筛选试验。例如，北京市农业技术推广站于 2011 年在北京市房山区窦店村进行的北京地区夏播青贮玉米品种筛选试验，通过对 8 个青贮玉米品种生物产量和农艺性状的比较，从中筛选出了青贮 1 号、农研青贮 1 号和北农 2275 等高产优质青贮玉米品种。新疆兵团第七师一二四团，于 2013 年进行了麦后复播青贮玉米品种筛选试验，对 7 个青贮玉米品种的生育期、生物产量及综合性状进行了比较分析，从中筛选出了适宜麦后复播的青贮玉米品种 H609 和 2030。科技工作者应结合品种特点与当地环境及生产条件，筛选符合当地优势品种进一步进行筛选试验，使一批适宜不同地区种植的优质高产青贮玉米新品种逐渐被筛选出来。

（二）品种利用

20世纪90年代以来，欧洲、北美洲等国家非常重视青贮玉米生产，青贮玉米面积占很大比例，西欧等国家青贮玉米种植面积已达玉米总面积的30%~70%。20世纪80年代以前中国没有专用的青贮玉米品种，生产青贮饲料大都用粮饲兼用型品种，产量低、品质差。1985年，中国首次审定通过了由中国科学院遗传研究所选育而成的京多1号，该品种单株分蘖2~3个，每个茎秆结果穗2~3个，属多秆多穗型品种。随着畜牧业的快速发展，"七五"期间，中国将青贮玉米育种列入国家科技攻关计划，并以青枝绿叶、多秆多穗、生物产量高和富含糖分适口性好等作为重点育种目标，自此开启了青贮玉米品种选育和利用的良好开端。

1988年由辽宁省农业科学院原子能所选育而成的青贮玉米辽原1号，通过了辽宁省农作物品种审定委员会审定。1989年由中国科学院遗传研究所选育而成的科多4号，通过了天津市农作物品种审定委员会审定命名。此后各地先后育成了东陵白、龙牧1号、英红、白马牙、科多8号、中原单32、津饲251、东青1号、白马牙、大丰青贮1号等青贮玉米新品种。

据估计，目前中国青贮玉米种植面积有200多万 hm²，品种类型包括专用青贮型、粮饲兼用型或粮饲通用型。这些青贮玉米品种在生产上均有不程度地利用，如东陵白2008年在内蒙古自治区的种植面积达9.8万 hm²，位于2008年全国推广面积的第48位；英红2010年在内蒙古自治区的种植面积达1.2万 hm²；青贮白马牙2010年在河北省的种植面积达3万 hm²。以上品种虽然籽粒产量较低，但青贮产量很高。青贮巡青518、郑青贮1号、京科青贮516、雅玉青贮8号、中原单32、辽原1号、白鹤、龙牧1号等新的专用青贮玉米品种面积同样较大，并呈现出不断上升的势头（杨国航，2013）。目前，适宜各地种植的春、夏播专用青贮玉米品种较多。以北京地区为例，春播玉米品种有京科青贮516、京科青贮301、农研青贮1号和京农科青贮711等，夏播玉米品种有北农青贮303、北农青贮356和北农青贮318等。

（三）优良青贮玉米品种

1. 京科青贮516

品种来源 京科青贮516由北京市农林科学院玉米研究中心选育而成，2007年通过国家农作物品种审定委员会审定，审定编号：国审玉2007029。

特征特性 华北东部地区种植，从出苗至青贮收获115d左右，需有效积温约2 900℃。植株株型半紧凑，株高约310cm。幼苗叶鞘呈紫色，成株叶片数19片，叶片为深绿色，叶缘紫色，花药黄色，颖壳紫色。经中国农业科学院作物科学研究所两年接种鉴定，抗矮花叶病，中抗小斑病、纹枯病和丝黑穗病，感大斑病。经北京农学院植物科学技术系两年品质测定，粗蛋白含量8.1%～10.0%，中性洗涤纤维含量47.6%～49.0%，酸性洗涤纤维含量20.4%～21.8%。

产量表现 2005～2006年参加青贮玉米品种区试（东华北组），两年生物产量（干重）平均亩产1 247.5kg，比品种农大108增产11.5%。

栽培要点 要求在中等肥力以上地块种植。适宜种植密度每亩4 000株左右。

适宜范围 适宜在北京、天津、河北北部、辽宁东部、吉林中南部、黑龙江第一积温带、内蒙古呼和浩特、山西北部春播区，作专用青贮玉米品种种植。

2. 京科青贮301

品种来源 京科青贮301是由北京市农林科学院玉米研究中心选育而成。2006年通过国家农作物品种审定委员会审定，审定编号：国审玉2006053。

特征特性 该品种出苗至青贮收获约110d。株型半紧凑，株高约 290cm，穗位高 130cm；夏播种植株高 250cm，穗位 100cm，成株叶片数 19～21 片。幼苗叶鞘紫色，叶片深绿色，叶缘紫色。花药浅紫色，颖壳浅紫色；花柱淡紫色；果穗呈筒形，穗轴白色，黄色籽粒、半硬粒型。经中国农业科学院作物科学研究所两年接种鉴定，抗小斑病，中抗矮花叶病、丝黑穗病和纹枯病，感大斑病。经北京农学院测定，全株粗蛋白含量平均 7.9%，中性洗涤纤维含量平均 41.3%，酸性洗涤纤维含量平均 20.31%。

产量表现　2004～2005 年参加黄淮海夏播玉米区青贮玉米品种区域试验，两年生物产量（干重）平均亩产 1 306.5kg，比对照品种农大 108 增产 10.3%。

栽培要点　施足底肥，合理运筹肥水，重拔节肥、轻施孕穗肥。一般每亩适宜种植密度 4 000～4 500 株。

适宜范围　该品种适宜在北京、天津、河北北部、山西中部、吉林中南部、辽宁东部、内蒙古呼和浩特市春玉米区和山东、安徽北部、河南大部夏玉米区玉米品种种植，注意防治大斑病。

3. 文玉 3 号

品种来源　该品种由北京佰青源畜牧业科技发展有限公司选育而成。2013 年通过内蒙古农作物审定委员会审定。审定编号：蒙审玉（饲）2013001。

特征特性　该品种从播种至收获约 120d。幼苗叶片绿色，叶鞘浅紫色。植株平展型，株高 342cm，穗位 175cm，雄穗一级分枝 13 个，花药黄色，护颖浅紫色。雌穗花柱浅紫色，果穗长筒型，红轴，籽粒半马齿型，黄色。穗长 17cm，穗粗 5.2cm，穗行数 14～18 行，行粒数 44 粒，出籽率 88.2%。2012 年北京农学院植物科学技术学院（北京）测定，中性洗涤纤维 53.8%，酸性洗涤纤维 20.5%，粗蛋白 7.9%。2012 年吉林省农业科学院植保所抗性鉴定：感大斑病、感丝黑穗病、感弯孢病、中抗茎腐病、中抗玉米螟。

产量表现 2010年、2011年参加饲用玉米区域试验,平均生物产量分别为6 296.0kg/亩、5 884.9kg/亩,比对照金山12增产24.9%和23.0%。出苗至收获121天、122天。

栽培要点 留苗3 800~4 500株/亩,底肥以有机肥为主,化肥为辅,并于拔节期和大喇叭口期进行追肥,追肥以速效N肥为主。注意防治大斑病、丝黑穗病、弯孢病。

适宜范围 适宜在内蒙古自治区青贮玉米种植区种植。

4. 京农科青贮711

品种来源 该品种由北京市农林科学院种业科技有限公司选育而成。2013年通过北京农作物审定委员会审定。审定编号:京审玉2013007。

特征特性 该品种在北京地区春播种植从播种至收获大约116d。植株株型半紧凑,株高约270cm,穗位110cm,收获期单株叶片数为14.5片,单株枯叶片数为4.5片。田间保绿性较好,综合抗病性能较高。接种鉴定高抗大斑病、小斑病和茎腐病,中抗丝黑穗病,感弯孢叶斑病,高感矮花叶病。品质鉴定粗蛋白含量8.4%,酸性洗涤纤维含量17.4%,中性洗涤纤维含量46.7%。

产量表现 两年区试生物产量(干重)平均每亩达1 183kg,比对照增产8.3%。生产试验生物产量(干重)平均每亩1 224kg,比对照增产4.0%。

栽培要点 适宜在中等及以上肥力地块种植,种植密度每亩5 000~5 500株。注意预防倒伏和防治苗期蚜虫。

适宜范围 适宜北京地区作为春播青贮玉米种植。

5. 中原单32号

品种来源 该品种是由中国农业科学院原子能利用研究所,于1991年通过核辐射技术杂交选育而成,并于1997年、1998年分别通过国家农作物品种、牧草品种审定。

特征特性 中原单32号属粮饲兼用型青贮玉米品种。春播110d,夏播80~90d,属中早熟品种。该品种株型半紧凑,株高

240～270cm，穗位80～110cm，作为青贮玉米区种植，株高可达300cm以上，最高可达到400cm。叶片较厚，叶色浓绿，在北方总叶片数21～22片，在南方总叶片数为17～18片。果穗呈锥形，穗轴红色，穗长20cm左右，穗行数14～16行，行粒数40粒左右，无秃尖，籽粒呈橘黄色，硬质，品质好。千粒重300～380g，出籽率达87%。品质检测籽粒含蛋白质12.8%，含脂肪4.3%，赖氨酸0.3%～0.4%，淀粉68.1%，支链淀粉47.7%。收获后秸秆含粗蛋白9.2%，含脂肪1.5%，纤维22.3%～31.9%，总糖10.5%，适合于青贮发酵处理。该品种茎秆韧性强，根系发达，综合抗性较强，高抗粗缩病、矮花叶病，抗大斑病、小斑病、穗腐病、丝黑穗病、粒腐病、青枯病。

产量表现　该品种高产、稳产性好，在中上等水肥条件下夏播种植，每亩可产籽粒500kg以上，秸秆4～6t。宁夏地区在中上等肥水条件下春播种植，每亩可产籽粒600～900kg，最高达到933.4kg，秸秆5～7t。

栽培要点　地温在10～12℃条件下可进行播种，施足底肥，合理运筹水肥，重拔节肥、轻施孕穗肥。一般种植密度，粮用春播约3 500株/亩，夏播3 500～4 000株/亩，作青贮种植可适当增大密度。

适宜范围　适宜在黄淮海地区夏播种植；可在华中、华南、西南，春、夏、秋播种；西北、东北春播种植，其中新疆部分地区夏播；黑龙江省哈尔滨市以北不能正常成熟，只能作为青贮玉米种植；广东、广西、海南岛一年四季均可种植。

6. 北农青贮356

品种来源　该品种由北京农林科学院选育而成，2013年通过北京市农作物品种审定委员会审定，审定编号：京审玉2013006。

特征特性　北京地区夏播种植从播种至收获100d左右。植株株型半紧凑，株高295cm，穗位高130cm。收获期单株叶片总数15.1片，单株枯叶片数2.9片。田间抗倒性好，保绿性较好，综合抗病性好。接种鉴定高抗大斑病、小斑病，抗茎腐病，感矮花叶病和弯孢叶斑病。品质鉴定粗蛋白含量，8.8%中性洗涤纤维含量51.0%，酸性洗涤纤维含量20.1%。

产量表现　两年区试生物产量（干重）每亩平均1 218kg，比对照增产11.6%。生产试验生物产量（干重）每亩平均1 096kg，比对照增产9.6%。

栽培要点　要求在中等肥力以上地块栽培种植。一般密度每亩5 000株左右。

适宜范围　适宜北京地区作为夏播青贮玉米种植。

7. 中单青贮601

品种来源　该品种由中国农业科学院作物科学研究所选育而成，2012年通过北京市农作物品种审定委员会审定通过，审定编号：京审玉2012004。

特征特性　北京地区夏播种植，从播种至收获100d左右。植株株型紧凑，植高273cm左右，穗位高122cm。持绿性较好，收获期单株总叶片数为15.6片，收获期单株枯叶片数为2.8片。品质鉴定粗蛋白含量8.7%，中性洗涤纤维含量52.1%，酸性洗涤纤维含量20.4%。接种鉴定抗小斑病，中抗大斑病、矮花叶病、弯孢菌叶斑病和茎腐病。

产量表现　两年区试生物产量平均亩产962kg，比对照增产11.6%；生产试验生物产量每亩平均1 126kg，比对照增产13.6%。

栽培要点　要求在中等肥力以上地块栽培，适宜种植密度为每亩4 000株左右。田间管理注意防倒伏。

适宜范围　适宜北京地区作为夏播青贮玉米种植。

8. 华青28

品种来源　该品种由河北金科种业有限公司秦皇岛分公司选育而成，2013年通过河北省农作物品种审定委员会审定，审定编号：冀审玉2013035。

特征特性　该品种从出苗至青体收获99d左右。成株株型半紧凑，株高232cm，穗位112cm。全株叶片数10～18片。幼苗叶鞘呈紫色。雄穗分枝 18 ~ 22 个，花柱粉红色，花药浅紫色。穗轴红色。黄色籽粒，半马齿型。经北京农学院品质检验结果，粗蛋白含量 10.4%，中性洗涤纤维含量 56.9%，酸性洗涤纤维含量 33.15%。由吉林省农业科学院植物保护研究所抗病鉴定结果：高抗茎腐病、中抗弯孢叶斑病、丝黑穗病、感玉米螟。2012年鉴定，高抗茎腐病、感大斑病、丝黑穗病、弯孢叶斑病、中抗玉米螟。

产量表现 2011 年青贮玉米组区域试验，干重平均亩产 879.6kg，鲜重平均亩产 4 806.3kg。2012 年同组区域试验，干重平均亩产 650.6kg，鲜重平均亩产 3 952.5kg。2012 年生产试验，干重平均亩产 499.7kg，鲜重平均亩产 3 576.1kg。

栽培要点 适宜种植密度为每亩 4 500 株。施足底肥，追肥宜选在大喇叭口期。

适宜范围 适宜在河北省张家口坝上及坝下丘陵青贮玉米区种植。

9. 凯育青贮 114

品种来源 该品种由北京市未名凯拓作物设计中心有限公司选育而成，2013 年通过北京农作物品种审定委员会审定，审定编号：京审玉 2013009。

特征特性 北京地区夏播种植从播种至收获 99d。植株株型半紧凑，株高 293cm，穗位高 125cm。收获期单株叶片总数 15.1 片，单株枯叶片数 2.9 片。品质鉴定粗蛋白含量 8.9%，中性洗涤纤维含量 46.68%，酸性洗涤纤维含量 18.80%。田间抗倒、保绿性较好，综合抗病性好。接种鉴定高抗大、小斑病，抗茎腐病，高感矮花叶病和弯孢叶斑病。

产量表现 两年区试生物产量（干重）平均每亩 1 228kg，比对照增产 12.6%。生产试验生物产量（干重）平均每亩 1 136kg，比对照增产 13.6%。

栽培要点 要求在中等以上肥力地块栽培种植。种植适宜密度每亩 4 000 株左右。

适宜范围　适宜北京地区作为夏播青贮玉米种植。

10. 耀青青贮 4 号

品种来源　该品种由广西南宁耀洲种子有限责任公司选育而成，2011 年通过福建省农作物品种审定委员会审定，审定编号：闽审玉 2011005。

特征特性　耀青青贮 4 号属青贮玉米三交种。春播出苗至青贮收获天数 85.8d，比对照雅玉青贮 8 号长 1.1d 左右。该品种植株株型半紧凑，株高 302.4cm，穗位高 144.3cm，收获期单株绿叶片数 12.5 片，保绿性较好。两年区试田间调查抗大斑病、小斑病和茎腐病，感纹枯病。2010 年福建省粮油中心检验站检测，该品种粗蛋白含量为 8.4%，酸性洗涤纤维含量为 22.0%，中性洗涤纤维含量为 53.2%。

产量表现　2008 年区试，生物产量（鲜重）平均每亩 3 958.7kg，比对照雅玉青贮 8 号增产 8.1%，增产极显著。2009 年续试，生物产量（鲜重）平均每亩 3 711.9kg，比对照增产 3.0%。两年生物产量（鲜重）平均每亩 3 835.3kg，比对照增产 5.6%。2009 年全省青贮玉米品种生产试验，生物产量（鲜重）平均每亩 3 438.2kg，比对照增产 5.4%。

栽培要点　春播宜选在 3 月中旬到 4 月上旬，秋播一般在 7 月中旬到 8 月中旬。每亩适宜种植密度 4 000～4 500 株。注意合理运筹肥水，要施足基肥，巧施提苗肥，重施大喇叭口肥，及时中耕培土。注意防治纹枯病、玉米螟等病虫害。

适宜范围　适宜福建省种植，栽培上要加强纹枯病防治，注意后期防止倒伏，适时收获。

11. 青源青贮 4 号

品种来源　该品种由北京佰青源畜牧业科技发展有限公司选育而成，2013 年通过北京市农作物品种审定委员会审定，审定编号：京审玉 2013008。

特征特性　该品种在北京地区春播种植从播种至收获 121d。植株株型半紧凑，株高 294cm，穗位 127cm。收获期单株叶片总数 16.5 片，单株枯叶片数 3.1 片，保绿性较好。品质鉴定粗蛋白含量 8.6%，中性洗涤纤维含量 48.95%，酸性洗涤纤维含量 19.13%。田间综合抗病性好，高抗茎腐病，抗大、小斑病，感丝黑穗病，高感矮花叶病和弯孢叶斑病。

产量表现　两年区试生物产量（干重）平均每亩 1 216kg，比对照增产 11.4%。生产试验生物产量（干重）平均每亩 1 338kg，比对照增产 13.7%。

栽培要点　在中等肥力以上地块栽培种植，要求种植密度每亩 3 800～4 500 株。加强丝黑穗病和苗期蚜虫的防治，注意防倒。

适宜范围　适宜北京地区春播种植。

12. 宁禾 0709

品种来源　该品种由宁夏农林科学院农作物研究所、宁夏农垦局良种繁育经销中心选育而成，2013 年通过内蒙古自治区农作物品种审定委员会审定，审定编号：蒙审玉（饲）2013002 号。

特征特性　该品种从出苗至青贮收获 126d 左右。植株株型半紧凑，株高 320cm，穗位 149cm。幼苗叶片绿色，叶鞘呈浅紫色；雄穗一级分枝为 10 个，护颖呈绿紫色，花药浅紫色，雌穗花柱黄紫色。果穗长筒形，穗轴红色，穗长 21.5cm，穗粗 5.3cm，穗行数 16～18，行粒数 41 粒，籽粒黄色马齿型，出籽率 83.8%。2013 年北京农学院植物科学技术学院（北京）测定，粗蛋白含量 9.4%，中性洗涤纤维含量 50.2%，酸性洗涤纤维含量 25.0%。该品种抗性好，2012 年吉林省农业科学院植保所人工接种、接虫抗性鉴定，中抗大斑病、弯孢病、丝黑穗病、抗茎腐病、中抗玉米螟。

产量表现　2011 年参加饲用玉米区域试验，生物产量平均每亩 5 341.2kg，比对照金山 12 增产 11.6%。2012 年参加饲用玉米区域试验，生物产量平均每亩 5 697.5kg，比对照金山 12 增产 15.5%。

栽培要点　一般 4 月中旬左右进行地膜覆盖种植。种植密度每亩留苗5 000～5 500株。施足基肥，施肥原则有机肥为主，化肥为辅，补施适量的微肥。全生育期追肥2次以上，一般在玉米拔节期和大喇叭口期，玉米开花后施粒肥，追肥以速效N肥为主。

适宜范围 适宜在内蒙古自治区青贮玉米种植区种植。

13. 玉草3号

品种来源 该品种由四川农业大学玉米研究所选育而成，2012年通过四川省农作物品种审定委员会审定，审定编号：川审玉2012032。

特征特性 该品种较耐旱，耐寒。植株根系发达，生长繁茂，不刈割时株高可达4m以上。茎秆粗壮，主茎粗2.1～2.8cm。叶片长80～118cm，宽8.8～12.5cm。雌花属穗状花序，雌穗多而小，分蘖3～5个；雄花属圆锥花序，主轴长44.2cm，分枝平均34个。种子黄色，千粒重270～290g。叶片粗蛋白17.1%，粗脂肪3.1%，酸性洗涤纤维47.3%，中性洗涤纤维74.5%；茎秆粗蛋白12.3%，粗脂肪1.5%，酸性洗涤纤维41.1%，中性洗涤纤维65.0%。

产量表现 2008～2010年连续3年品比试验，鲜草产量平均比对照玉草2号增产12.3%，干草产量增产9.1%。2010年、2011年生产试验，鲜草产量平均每亩6 559.7kg，比对照玉草2号增产42.2%。

栽培要点 适宜春播，种植密度每亩3 000～3 500株。及时中耕除草，加强地下害虫防治。雨季注意排涝；播种后80～90d即抽雄始期刈割最佳。

适宜范围 适宜四川省平坝、丘陵地区。

14. 筑青1号

品种来源 该品种由贵阳市农业试验中心选育而成，2013年通过贵州省农作物品种审定委员会审定，审定编号：黔审玉2013015。

特征特性 该品种播种至青贮采收101d左右。植株株型平展，株高286cm，穗位高126cm。叶片总数18.8片。幼苗叶鞘呈浅紫色，叶缘为紫红色。雄穗分枝约14个，最高位侧枝以上主轴长35cm，最低位侧枝以上主轴长44cm，雄花花药黄色，护颖呈绿色，颖尖为紫色；雌穗花柱为红色。果穗呈锥形，穗长20.2cm，穗粗5.9cm，穗行数16行。穗轴白色，籽粒黄色，硬粒型，千粒重400g。品质检测全株粗蛋白含量9.1%，中性洗涤纤维含量39.4%，酸性洗涤纤维23.2%。

产量表现 2010年青贮玉米区试生物产量平均每亩4 573.7kg，比对照增产6.6%；2011年区试生物产量平均每亩4 559.5kg，比对照增产12.8%。两年平均亩生物产量4 566.6kg，比对照增产9.6%。

栽培要点 适时播种，施足底肥，合理密植，要求种植密度每亩4 000~4 500株；于苗期、拔节期巧施追肥；综合防治病虫害。

适宜范围 适宜贵阳市作青贮玉米种植。

15. 豫青贮23

品种来源 该品种由河南省大京九种业有限公司选育而成，2008年通过国家农作物品种审定委员会审定，审定编号：国审玉2008022。

特征特性 该品种在东北华北地区种植出苗至青贮收获期117d。植株株型半紧凑，株高330cm。成株叶片总数18~19片。幼苗叶鞘呈紫色，叶片为浓绿色，叶缘紫色；黄色花药，颖壳紫色。由北京农学院品质测定，粗蛋白含量9.3%，中性洗涤纤维含量46.7%~48.1%，酸性洗涤纤维含量19.6%~22.4%。由中国农业科学院接种鉴定，高抗矮花叶病，中抗纹枯病和大斑病，感丝黑穗病，高感小斑病。

产量表现 2006~2007年参加青贮玉米品种区域试验，在东华北区种植两年生物产量（干重）平均每亩1 401kg，平均比对照增产9.4%。

栽培要点 中等肥力以上地块栽培种植，适宜密度每亩

4 500 株左右。加强丝黑穗病和小斑病的防治，注意防止倒伏。

适宜范围　适宜在北京、天津武清、河北北部（张家口除外）、辽宁东部、吉林中南部和黑龙江第一积温带春播区作专用青贮玉米品种种植。

▌▌第二节
▌▌青贮玉米栽培实用技术环节

一、整地

深松耕翻、精细整地，可有效改善土壤理化性状，增强土壤通透性，促进耕层土壤微生物活动，利于土壤蓄水保墒，促进根系发育，为作物生长创造良好的土壤环境。玉米植株高大，根系发达，入土深度最深可达 2m 以上。玉米根系发育的好坏，与土层厚度、土壤理化性状有着密切的关系。土层深厚，疏松透气的土壤，能够促进根系下扎，形成强大的根系群，充分吸收土壤里的养分、水分，利于植株健壮生长。

（一）春播玉米整地

1. 秋整地

（1）应用地区　春玉米秋整地包括东北春播雨养农业地区、北部半干旱一熟制地区及其他一熟制地区。

（2）整地时期　春玉米秋整地一般在前茬作物收获后至冬前这段时间进行。主要目的是蓄水保墒和熟化土壤，为此应及早进行，越早越好。据甘肃省农林科学院调查显示，9 月下旬进行深耕的比 10 月中旬深耕的增产 3%，比 10 月下旬深耕的增产 6.2%，比 11 月上旬深耕的增产 16.6%。此外，唐山、承德地区调查数据显示，沙壤、壤土早耕 5~21d，土壤含水率分别提高 3.8% ~4.6%、3.5% ~5.63%。这充分说明，早秋耕整地对提高春玉米产量，起着至关重要的作用。尤其是在无水浇条件的旱地以及高寒地区，更应在前茬作物收获后及早深耕灭茬，以便积蓄更多的雨雪。秋整地宜早不宜晚，一般要在土壤封冻之前完成。

（3）秋整地的意义和作用　在中国北方春播玉米区，一般早春风沙较大，春季整地施肥易造成土壤水分损失。因此，在这些地方一般进行秋整地。秋整地不仅可以减少土壤跑墒，还可使土壤和肥料长期融合，提高肥效，保墒、保苗，对提高玉米产量意义重大。

一是储蓄雨雪，蓄墒保墒。俗话说"秋天翻地如浇水，来年无雨也提苗"。秋整地可为土壤创造一个疏松、透气、深厚的土壤耕作层，能够更加充分地储蓄雨雪，减少地表径流，增加土壤水分含量。另外，结合秋翻秋整施足底肥，使土壤达到待播状态，春季播种可在不动土的情况下直接进行，从而减少了因春季耕翻而造成土壤水分蒸发损耗，使土壤抗旱保墒能力得到明显提升，对促进玉米产量的提高有着重要作用。在易发生春旱的北方春玉米区、黄淮平原春、夏播玉米区，以及年降水量很少的西北内陆玉米区，秋翻秋整对玉米的增产作用更加明显。据西北农林科技大学试验，玉米秋季整地施肥比春施肥增产 6.5% ~ 19.6%。

二是熟化土壤，提升地力。秋季耕翻、整地，经过冬季的风吹日晒，冰雪消融，使土壤水、气、热状况得到适当调节，土壤的物理性状得到有效改善。同时，土壤物理性状的改善，矿质养分的风化分解，为土壤微生物活动创造了条件，使得土壤微生物繁殖速度得到很大提高，特别是结合施用有机肥进行耕翻的地块，效果更加明显。土壤微生物的生活、繁殖、代谢过程，可释放出大量能被植物吸收利用的 N 素及矿质养分，可使土壤肥力得到有效提升。

三是减少田间杂草及病虫为害。正如俗语所述"今年秋翻好，来年草就少"。玉米田可通过中耕和喷施化学除草剂，来防除田间杂草的滋生。然而，杂草有很强的再生能力，且繁殖很快，特别是多年生的宿根性杂草，很难彻底根除。加之玉米幼苗期生长缓慢，从出苗至封垄约需 40 ~50d，若杂草防除不及时、不彻底，与幼苗争水、争肥，将对玉米正常生长发育造成严重影响，导致个体发育不良。而秋季深耕翻，可将草籽翻入土层深处，抑制其萌发出土。同时，还可切断多年生根蘖性繁殖杂草及宿根性杂草的根茎，减轻其再生危害。防除杂草的同时，还可结合秋翻秋整，除去土壤表面的残枝落叶，去除以寄生繁殖越冬的病虫害的中间寄主，破坏了大量地下害虫的巢穴，并将其从土层深处翻到地表，经过冬季冰冻及鸟类的啄食，可极大地减少病虫害的发生。

四是抢农时、增积温。通过秋季整地施肥，使土壤达到待播状态，翌年春季春玉米可以适时早播，争取有效积温。此外，经过秋翻秋整的地块，春季地温能够快速提升，利于早春作物根系生长发育，并且能够降低低温冷害对玉米生产的影响。

（4）做法和标准　秋整地包括灭茬、增施底肥、深翻、浇灌冻水、耙耢保墒等作业。要求做到土地平整，无根茬、无土块，土壤上虚下实，土层深厚，疏松透气。以冀北地区为例，冀北春玉米区大多为旱地，秋耕应以蓄水保墒、熟化土壤为目的，应争取在冬前及早耕翻，次年春季仅采取耙、耢、盖等措施，以减少土表裂缝，防止跑墒。一般在前茬作物收获后，及早进行灭茬耕翻，要求耕翻深度在 25 ~28cm 以上。具体要视土壤情况而定，对于下粘上沙或下沙上粘的地块，应适当深耕，以使沙粘混合，达到改善耕层质地的作用。下层为卵石、沙砾的土层较薄的地块，应适当浅耕。对于上层为碱性下层非碱性的土壤，应适当深耕，反之宜浅。对于土层较厚，有机质含量多，地力水平高的地块，应适当深耕，但不宜太深，以防翻上大量生土，影响下年玉米产量。中国北方地区，深翻后应在冻融交替时，及时浇好冻水。此外，一般耕后土壤间隙较大，易造成土壤风化、跑墒，要及时进行耙耢,减少土壤水分的蒸发。资料显示,秋翻耕后及时耙耢的比春季才开始耙耢的地块,土壤水分含量高 4% 左右,出苗率提高 7.5% ~11.2%,增产 8.1% ~14.7%。耙耢时要深浅适宜,浅耙要求 12cm 以上,深耙要求 16cm 以上。入冬后,当地表出现较深的裂缝时,要及时进行镇压保墒。河北省调查数据显示,秋耕耙耢结合冬季镇压的地块,早春干土层仅为 3 ~4cm,未进行镇压的地块,干土层深达 7 ~9cm。

(5)秋施肥 在北方春玉米区,一般结合整地,基肥秋施。这种施肥方式一方面可以促进肥料分解,另一面春季耙地后可直接播种,避免土壤水分的蒸发损耗。具体施肥方式,要根据当地土壤类型而定,如土壤类型为黑土、黑钙土,因其保水保肥性能好,可采用基肥一次性深施;对于土壤类型为沙土、沙壤土的地块,因其持水保肥性能差,秋施底肥应分次进行,以防渗漏流失,降低肥料利用率,造成浪费。肥料施用要采用有机无机相结合,粗肥与化肥相配合的方法。有机肥与无机肥配合施用,可明显提高土壤肥力,改善土壤理化性状,增强蓄水保水能力,保证玉米的持续稳产高产。有机肥主要为畜禽粪便、厩肥、人粪尿等,一般每亩施用 2 000 ~4 000kg;化肥可选用含量 48% ~55% 的 N、P、K 复合肥,用量 80 ~100kg。施肥时,可将肥料平铺于地表,结合耕翻将肥料翻入耕层,一般要求深翻深度 10 ~20cm。

(6)秋覆膜 秋覆膜技术多见于黄土高原水资源匮乏的干旱地区。春季抗旱保苗是这一地区农业生产的关键。秋覆膜可避免秋冬早春休闲期土壤水分的无效蒸发,减轻风蚀和水蚀,保墒增墒效果显著。同时,秋覆膜可有效提升土壤温度。据调查,秋季覆膜比不覆膜的地块,从播种到出苗,土壤温度可提高 0.8 ~1.3℃;生育期土壤平均温度比较,秋季覆膜比不覆膜的地块,温度高 1.2 ~1.6℃。由于土壤温度高,秋季进行覆膜的地块,玉米出苗相对较早,发育较快,成熟期一般比秋季未进行覆膜的玉米早 4 ~6d。此外,秋覆膜实现了"秋雨春用,春旱秋抗",

为旱作农业由被动抗旱、走向主动抗旱开辟了一条新途径，目前已成为黄土高原春玉米生产的一项关键技术。

秋覆膜要选择在地势平坦、土层深厚、土质疏松、肥力中等以上，土壤理化性状好、保水保肥性能高、坡度低于15°的地块进行。陡坡地、石砾地、重盐碱等瘠薄地块，不宜进行秋覆膜。前茬作物收获后，应及时深耕灭茬，耕深需达25～30cm，耕后及时进行耙糖整地，并于10月中下旬进行起垄覆膜。此时，覆膜能够有效阻止秋、冬、春三季水分的蒸发，最大限度地保蓄土壤水分。具体操作方法如下：首先进行划行起垄。使用齿距大、小行宽分别为70cm、40cm的划行器进行划行，要求垄高15～20cm。缓坡地要沿等高线进行开沟起垄，要求垄和垄沟宽窄均匀，垄脊高低保持一致。整地起垄后，用厚度0.008～0.01mm、宽120cm的薄膜，进行全地面覆膜。覆膜时，要沿边线开约5cm深的浅沟，地膜展开后，靠边线一侧放入浅沟内，用土压实；另一边于大垄中间沿地膜每隔1m左右，用铁锹从膜边下取土原地固定，并每隔2～3m横压土腰带。第一幅膜覆完后，将第二幅膜的一边与第一幅膜在大垄中间对接，膜与膜不要重叠，从下一大垄垄侧取土压实，依此法将全田铺完。覆膜时需将地膜拉展铺平，从垄面取土后，应随即整平。覆膜后一周左右，当地膜与地面贴紧时，在沟中间位置每隔50cm打一直径约3mm的渗水孔，便于垄沟的集雨渗入土中。由于地膜在田间保留时间较长，需加强冬季管理，可用秸秆覆盖护膜。同时，要经常检查地膜有无破损，发现破损，需及时用细土盖严以防大风揭膜。

（7）整地方式

①垄作整地　垄作整地其垄体表面为松土层，垄体中部为紧实区，垄体下部为波状封闭犁底层，这样可使土壤具有上下左右虚实并存的耕层结构。在相同日照时数条件下，垄作比平作吸收的太阳辐射多，白天温度上升快，垄体温度高，这有利于作物根系的正常生长发育。另一方面，由于垄作土体表面大，夜间散热较快，温度较低，垄体昼夜温差大，有利于作物养分的积累。此

外，垄作还可起到提墒、保墒、蓄水、排涝以及防水土流失的作用。垄体内容重较大的部位，存在着丰富的毛隙管道，可以提墒；而表层松土能够减少水分蒸发损耗，可以保墒；同时，在雨季来临时，可利用垄沟排水，还可使水分下渗到深土层中储藏起来，做到既能蓄水又能排涝。东北地区一般春季雨水较少，夏季雨水又相对比较集中。因此，在防春旱的同时，还要预防夏涝。垄作整地与东北地区的降雨特点相适应，既防春旱，又防夏涝。为此，东北春播玉米产区基本上施行垄作栽培，整地作成垄田。规格和模式因地而异，以便于机械化播种和收获为宜。

②平作整地 平作整地是中国各地使用时间最长、利用最多的一种整地形式。通过耕、耙、耱、锄、压等一整套耕作措施的科学合理运用，使土壤耕层结构得到了有效改善，利于蓄纳雨水，减少水分蒸发，为作物生长创造出一个水、肥、气、热相协调的土壤环境。鉴于平作整地优点之多，目前，大部分春播玉米产区还依旧实行平作栽培。要求整地后的平田规格，应便于机械化播种和收获。

2. 留茬免耕 留茬免耕是指前茬作物收获后至春玉米播种前，不进行犁、耙、耱等整地作业，直接在茬地上进行播种，且作物生长期间也不进行中耕的一种耕作形式。具体由以下几个环节组成：一是利用前作物残茬或秸秆为覆盖物；二是采用联合免耕播种机进行播种作业，一次性完成开沟、施肥、播种、覆土、镇压、喷药等多项工序。这种耕作方法，具有省时、省工、保墒、保肥以及防止土壤风蚀等优点。在南方如苏南、上海、浙江等地，一般采取多年免耕后，再进行一次翻耕的耕作方式。在这些地区采用免耕，可起到简化田间操作，充分利用农时，使土壤理化性状保持良好，降低生产成本等作用。但由于长期免耕，又存在着养分向表土富集，病、虫、草害加重，土壤缺 K 等一系列问题。为此，这类地区一般是以免耕为主，配以定期翻耕，在充分利用免耕优势的同时，又通过定期翻耕，使中下层土壤肥力得以改善，确保持续稳产、增产。

（二）夏播玉米整地

夏播玉米生长期较短，且三夏农活繁忙。因此，夏播玉米要争分夺秒，抢时、抢墒、抢早地进行整地播种。夏玉米整地应视前茬作物种类，整地或不整地。黄淮海平原夏播玉米一般不整地。其他地区若以水稻为前茬，则必须整地。以河北省为例，夏玉米前茬作物一般为小麦。与当地气候、种植制度、玉米自身生育特点、玉米生产水平等因素相适应，形成了套种和回茬两种种植形式。

1. 套种夏玉米整地　套种夏玉米整地主要是通过大行间深松灭茬，使土壤疏松、透气，达到改善土壤结构及理化性状的目的。具体操作方法，麦收后及时灌水，约 2 ~ 3d 后，土壤可进行耕作时，于大行间深耕灭茬，耕深达 13cm 左右，耕后及时趟平。出苗后结合间、定苗，进行一次中耕。灭茬、深耕是套种夏玉米耕作整地的重要工作，要求做到及时、精细、质量高。

2. 回茬夏玉米整地　回茬夏玉米生长期短，为提高产量，在争取早播的基础上，应提高整地质量，确保出苗整齐均匀。回茬夏玉米整地方式包括：全面整地、局部整地和后整地。

（1）全面整地　在小麦收获前一周左右灌足麦黄水，小麦收获后及时进行耕翻灭茬，要求耕深 15cm 左右，不可太深，结合耕翻施足底肥，耕后耙耢整平。为争取农时，减少土壤水分损耗，应尽量缩短整地时间。

（2）局部整地　小麦收获后，按玉米行距开沟，沟深要求12cm 左右，肥料集中施在沟内，并将肥料与土壤混和均匀，而后将播种沟趟平进行播种。玉米出苗后 2 ~ 3 片叶时，于行间进行一次深中耕，要求耕深 10cm 左右，距苗 10cm，不能太近，以防压苗、伤苗。进行中耕要结合天气和土壤水分状况，如出现干旱可先灌水再进行中耕。

（3）后整地　小麦收获后，不进行土壤耕翻灭茬，直接在小麦行间播种夏玉米的耕作方法，即铁茬播种。待玉米苗后 3 ~ 4

片展叶时，结合间定苗，进行行间中耕。

二、播种

（一）种子处理

把好种子处理关是有效防治玉米病虫害，确保玉米出苗整齐、均匀、苗壮的一项重要措施。具体操作包括：选种、晒种、拌种等。

1. 选种　要选用纯度≥96%，净度≥98%，芽率≥85%，水分含量低于15%，符合国家种子质量标准二级以上的种子。去除小粒、秕粒和破损粒，以提高种子整齐度，保证出苗整齐均匀。

2. 晒种　种子经过晾晒后，可增强种皮的透气性，提高种子播后的吸水和萌发速率。研究表明，晒种可提早出苗1~2d，出苗率提高10%左右。具体操作方法：播前3~5d选择晴朗的天气，把种子均匀平铺在向阳干燥的地上或席上，经常翻动，连续晾晒2~3d。

3. 拌种　分为抗旱拌种和防病虫拌种。

（1）抗旱拌种　抗旱拌种可促使种子早萌发、早出苗，提高出苗率，促进根系发育，增加产量。据河北省承德市农业科学研究所试验，用抗旱剂1号（河南省农业科学院化学所研制）进行拌种。调查发现，处理比对照提早出苗2~3d，出苗率提高9%~10.4%，增产4%~6.5%。用保水剂涂层，5叶期根条数较对照增加2.3条，平均增产12.7%。

（2）防病虫拌种　可用100g有效成分的辛硫磷乳油，加20%粉锈宁乳油200ml，拌种50kg，堆闷4~6h，凉干后播种。可有效防治玉米黑穗病、瘤黑粉病等土传病害，以及地下害虫的发生。拌种时要注意先拌杀虫剂，再拌杀菌剂。

（二）播种时期

1. 春播玉米适时早播　种植青贮玉米欲获得理想的生物产量，应坚持适时早播，使其生长期间尽量能占满整个生长季节，充分利用光、热资源，增强植株抗逆能力，适时成熟，提高产量。春玉米适宜播期的选择，要依据土壤温、湿度以及降水分布特点而定。玉米对温度反应非常敏感，低温、倒春寒均不利于玉米正常出苗，影响出苗整齐，造成田间缺苗断垄。秋霜又会导致青贮玉米果穗难以达到正常收获标准，影响饲料品质。在实际生产中，一般当耕作层土壤 5 ~ 10cm 地温稳定在 10 ~ 12℃，田间持水量达到 60% ~ 70%，即可进行播种。此外，具体播期的确定还要考虑当地的自然降水情况，使玉米需水高峰期与当地自然集中降水期相吻合，避免出现"卡脖旱"和后期涝害等，影响产量的提高。

> 北方春玉米区一般在 4 月上旬到下旬，土壤 5 ~ 10cm 地温稳定在 10 ~ 12℃，田间水分含量适宜时，即可进行播种；
> 华北地区一般以 4 月中、下旬为春玉米的适播期；黑龙江省、吉林省春玉米适播期在 5 月上、中旬；
> 辽宁省、内蒙古自治区以及新疆北部春玉米适播期一般在 4 月中旬到 5 月上旬。
> 冀北春玉米适播期一般在 4 月下旬至 5 月上旬。

2. 夏播玉米抢时播种　夏玉米种植的季节性很强，既要保证前茬作物充分成熟，又要不影响下茬作物播种，所以要抢时播种，以争取更多的热量资源，同时还能充分利用前茬作物的水分、养分资源。

> 夏玉米的前茬作物，一般以小麦为主。对于铁茬播种的夏玉米，要在小麦收获后，及时进行播种，争取收获小麦的当天完成播种工作，实现零农耗，应争取在 6 月 15 日完成夏

玉米播种。毁茬播种的夏玉米，应最大程度减少农耗时间，争取提早播种，应在 6 月 20 日之前完成播种。麦垄套种玉米的播期要依据种植方式和品种熟期而定。一方面与小麦共栖期间，玉米必须处于拔节期内；另一方面要保证籽粒灌浆后期气温应处于 20～24℃，最低应在 16℃以上；此外，玉米收获期应不影响冬小麦适期播种。河北省麦套玉米可在小麦收获前7～10d 进行播种。

（三）播种方式

1. 播种方法 青贮玉米播种方法主要包括条播、点播和机械化精量播种。

（1）条播 适合于机械化大面积种植的青贮玉米区。用播种工具进行开沟，深度以 6～8cm 为宜，将种子与肥料同时施入播种沟内，注意种肥隔离，以防烧种烧苗。播后覆土，厚度约 3～4cm，而后进行镇压保墒。

（2）点播 适用于小面积种植区或丘陵、山坡等不利于机械化生产的地块。点播可分为人工点播和小型农机具点播，具体操作包括开穴、点种、覆土和镇压等工序。开沟深度要求 7cm 左右，要求深浅一致，沟内进行点种、施种肥，注意种肥隔离。播种后进行覆土，厚度约 3～4cm。具体要视土壤墒情而定，墒情好则可以浅些，反之宜深。覆土后需及时镇压，人工播种地块，可采用石磙子顺垄镇压；使用小型农机具进行播种的地块，可用"V"形镇压器镇压。这种方法节省种子，但比较费工。

（3）机械化精量播种 机械化精量播种，就是利用机械将不同数量的种子，按栽培要求播入土中，随即进行镇压的一种新型播种技术。此项技术省种、省工、省力、工作效率高，应用面积正在逐年加大。目前有 3 种精播技术，即全株距、半株距精密播种和半精密播种。

①全株距精密播种 根据生产要求的株距，进行单粒点播，

出苗后省去间苗、定苗工作。此法省时、省工、省种，但对种子质量要求较高，所用种子必须纯、净度好、发芽率高，且播种前对未进行包衣的种子，要做好种子处理。该项技术适用于地势平坦、土壤质地适中和水肥条件好的地块。

②半株距精密播种　依据生产要求株距的一半或大于一半的距离进行播种。此法对种子质量要求同全株距精密播种，其优点是保苗率高，如田间出现缺苗，可用就近种苗补齐，间苗用工较少，且苗势比较整齐。

③半精密播种　要求田间单穴、双粒播种量占70%以上，以确保田间出苗齐全的播种方法。一般每穴下种量1~3粒，每穴可出苗一株以上，利于苗全、苗齐，但需及时间苗，否则，易引起小苗间争水争肥，造成营养的损耗。

2. 播种机械分类　播种机主要工序包括开沟、播种、施肥、覆土、镇压等。由开沟器开出种沟，排种器将种子箱内的种子均匀排出，再由输种管输入种沟，经覆土器覆土，最后用镇压器进行镇压。按照排种器的工作原理，播种机可分为机械式、气吸式和气吹式。

（1）机械式播种机　机械式播种机分为槽轮式、勺轮式、窝眼式和仓转式四种类型。

①槽轮式　主要用于穴播。这类播种机依靠排种轴转速的改变来调节播量，传动机结构复杂，适于低速作业，不能实现精量播种。

②勺轮式　属于精播机的一种。通过勺轮把单个种子分离出来，再把种子从勺中滑落到排种盘，经排种盘转动，落入种沟。此类机型适宜低速作业，存在的不足是重播率、漏播率较高。

③窝眼式　即孔轮式排种器播种机。其窝眼形状有圆柱形、圆锥形和半球形，适于播小粒球状种子，可用于单粒精播。直径大的窝眼轮可加大充种路程，降低投种高度，提高播种的均匀性。

④仓转式　仓转式玉米精播排种器是由底壳、盖、芯、封闭

圈和轴等部件连接而成，底壳和盖之间有芯，中间用轴连接起来；芯的中间有一个轴孔，轴孔外边为种仓，种仓外围是种子流转带，在种仓的壁上排列着8个旋转带、8个播种口，播种口上连有封闭圈；在盖的外围有一个隔离带，隔离带呈双90°圆弧状；盖上面有进种口和放种口，盖的中间位置有轴孔和螺孔，盖的封边上有螺孔；在底壳中间位置有轴承，底壳封边上装有固定耳；仓转式玉米精播排种器克服了其他播种器的缺点，既实现了精确播种，又避免了田间缺苗断垄。

（2）气吸式播种机　气吸式播种机依靠空气吸力，把种子均匀排布于型孔轮或滚筒上，进而完成播种作业。气吸式播种机，具有作业质量高、排种均匀、种子破损率低、适宜于高速作业等优点。但这类播种机，要求排种器气密性要好，风机消耗功率大，排种器结构复杂易磨损，且存在地头缺苗等问题。

（3）气吹式播种机　气吹式播种机具有充种性能好、播种质量高、种子不易破损、结构简单且适于高速作业等优点。同时，气吹式播种式风机消耗功率小，对排种器气密性要求不高，并且不需要进行种子分级处理。

（四）种植密度

青贮玉米栽培不同于以生产籽粒为目的的普通玉米生产，它是在玉米乳熟至蜡熟期，采收果穗及地上全部茎叶，进行青贮发酵，其主要目的就是生产饲料。青贮玉米产量包括饲草产量和籽粒产量，而生产青贮玉米的最终目标是获得较高的可消化养分产量。对青贮玉米来说，在追求饲草产量和籽粒产量的同时，还要注重可消化养分产量即青贮玉米品质的提高，而种植密度的高低直接影响着青贮玉米的产量和品质。陈刚（1989）研究指出，种植密度对玉米青贮饲料的干物质和脂肪含量均有显著影响。在高密度条件下，干物质和脂肪含量都较高。Rutger 等和 Crowder 等研究指出，青贮玉米高密度种植有助于饲料的生产。在一定的生产条件下，如果饲草产量随着种植密度的增加而增加，而消化率又没有明显下降，青贮玉米高密度种植是必要的（Greg，1998）。

目前，在中国青贮玉米生产中，通过不断增加密度来获得较高的干物质产量这项技术得到了广泛应用。而种植密度加大的同时，也加重了田间植株倒伏现象以及病虫害的发生，造成青贮玉米产量和品质下降。为此广大农业科技工作者，针对种植密度对青贮玉米产量和品质的影响，进行了大量的试验研究，并通过生产实践积累了很多宝贵资料。黄常柱等（2008）研究指出，青贮玉米种植密度不可太高，否则，将导致青贮玉米不能在最佳收贮期进行收获，造成青贮玉米产量下降，对饲料品种及收贮效果有很大影响。西北农林科技大学农学院路海东等（2014）研究表明，青贮玉米的群体干物质产量、籽粒产量以及最佳饲用营养产量，受密度变化影响存在着差异。群体干物质产量的最佳适宜密度较高，而籽粒产量的最佳适宜密度较低，最佳饲用营养产量要求的适宜密度介于二者之间，在提升总干物质产量的同时，不断增加籽粒产量，是提高青贮玉米营养的重要途径。

综合各地试验资料和生产实际，青贮玉米的适宜种植密度有4 000株/亩，4 000～5 000株/亩、5 000～6 000株/亩等范围。因此，可在4 000～6 000株/亩范围内，结合当地生产实际选用合适的种植密度。一般株型紧凑、叶片上冲、生育期短、单株干物质产量低的品种适宜密植。反之，叶片平展、株型松散、生育期长、单株产量高的品种适宜稀植；地力水平高、肥水条件好的地块适宜密植，反之宜稀；光照充足的地区适宜密植，反之宜稀；管理水平高的地块宜密，反之宜稀。以河北省为例，春播青贮玉米适宜种植密度为4 000～4 500株/亩，夏播适宜种植密度为5 000株/亩左右。

三、种植方式

（一）单作（清种）

无论垄作或平作，适应机械化生产，单作是玉米主要的种植方式。单作是指在同一块田地种植同一种作物的种植形式，又称清种、纯种、净种。这种种植形势群体结构单一，对水、肥、气、热需求及生育期一致，利于田间统一管理及机械化作业，作物生长发育过程中，个体间只是种内关系。单作可因地制宜采用等行距和宽窄行的种植方式。用于青贮玉米生产，建议采用等行距种植方式。等行距种植行距可采用 50cm 或 60cm，具体可依品种类型、地力水平、作业机械而定。

中国东北地区青贮玉米生产多以单作为主，栽培方式多为等行距种植，行距一般为 50 ~80cm。玉米地上茎叶与地下根系在田间分布均匀，能充分利用光、热、水、气及土壤养分，有利于玉米产量的提高。

（二）混作

混作是将生育期相近的两种或两种以上作物，在同一块地采用间行或同行混和播种种植。混种结合不同作物各自的生理特点，构成合理的复合群体，可以充分利用空间，减少竞争，增大群体总叶面积，提高光能利用率，从而提高产量与品质。利用混作的特点，以饲用为目的，一些地区为提高青贮饲料的品质与产量，大多采用青贮玉米不同品种间或青贮玉米与有关作物间混合种植的方式。不同青贮玉米间混作多见于东北地区，该区气候寒冷，无霜期较短，种植的晚熟玉米品种，一般在适宜收获期前就被迫收获，致使籽粒成熟度较差，营养物质含量低，影响了青贮玉米品质的提高；而早熟玉米品种籽粒成熟度虽然较好，但生物产量较低，影响青贮玉米产量的提高。把生育期不同的青贮玉米品种，以混播方式进行种植，不仅可以确保青贮玉米的生物产量，同时还可以改善青贮玉米品质，达到优质稳产的目的。除品种间混作外，青贮玉米还可与豆科植物进行混作，这种混种方式同样可以在一定程度上增加青贮玉米的生物产量和营养含量。

1. 不同青贮玉米品种之间混作　青贮不同于普通玉米，其目的是收获地上营养体。在获得较高生物产量的同时，还要考虑营养品质的提高。为保证青贮玉米生物产量及营养品质的提高，不同青贮玉米品种间混作，要做好品种的搭配、混作比例及收获期的确定。高飞等（2009）采用 1 个晚熟青贮玉米品种与 4 个早熟青贮玉米品种，分别按 1∶1 种植比例混播种植，行距 65cm，株距 20cm，每亩施磷酸二铵 7.5kg，尿素 12kg，氯化钾 50kg，其他管理与大田相同。研究表明，青贮玉米早熟品种与晚熟品种混播种植，可以提高干物质产量，改善饲用品质。

特别提出，应用该种植方式，在密度上要兼顾两个品种的生理特性，混播比例要与品种及当地生产环境相适应，不同品种、不同地区应采用不同的混播比例。

此外，收获期的确定要依据当地气候特点，一般要在组合内早熟青贮玉米叶片枯黄前，晚熟青贮玉米品种产量较高时进行收获。

2. 青贮玉米品种与豆类混作 长期以来，仅仅从更新青贮玉米品种和探索青贮玉米优质高产栽培技术方面来提高青贮玉米的产量与品质，具有一定的局限性，难度也较大，而豆科牧草与青贮玉米混播种植，对解决这一问题具有明显效果。豆科牧草含有丰富的蛋白质、Ca、P 等营养成分，青贮玉米含有较丰富的碳水化合物，二者混播可提高青饲料的蛋白质含量，能有效解决青贮饲料蛋白质不足的问题，从而实现青贮玉米生物产量及营养含量的提高。同时，青饲料的适口性好，可大大提高牧草利用率。为使青贮玉米与豆科作物混作获得较高的产量与营养含量，广大的科技工作进行了大量的研究试验，逐步摸索出了青贮玉米与豆科饲草混作优质高产栽培技术体系。

张晓梦等（2013）进行了种植密度与施肥水平组合筛选试验研究。结果表明，在黑龙江省西北部地区青贮玉米与龙引扁豆 1 号按 1∶1 混合种植，以青贮玉米与扁豆密度各为 4 000 株/亩，施肥量 25kg/亩的混合种植模式，增产效果最好，生物产量最高。这种种植模式平均比对照增产 16.8%。但是，龙引扁豆与青贮玉米混和栽培技术，在地区间存在很大差异。例如青贮玉米与龙引扁豆 1∶1 种植时，适宜种植密度、施肥量由黑龙江西北部到南部，均呈逐渐递减趋势。密度由西北部的 4 000 株/亩，减少到约 3 130 株/亩，施肥量由 25kg/亩，减少到 15kg/亩。

褚玉宝等（2013）关于混播栽培对青贮玉米产量及品质影响的研究试验，试验青贮玉米种植形式，采用行距 70cm，株距 24cm，留苗密度约 4 000 株/亩，秣食豆种在两株玉米之间。施 N 量约为 11kg/亩，施 P 量约 9kg/亩。其他田间管理与常规管理相同。研究结果表明，青贮玉米与秣食豆混播，可促进、提高干物质积累，提高青贮饲料的生物产量，提升群体粗蛋白水平，使饲草营养品质得到有效改善。

李晶等（2010）在混播方式对青贮玉米产量和饲用品质的影响试验中，采用青贮玉米与秣食豆混播种植。青贮玉米行距 70cm，株距 30cm，秣食豆种于两穴玉米之间，株距 7.5cm，即两株玉米间种植 3 株秣食豆，田间管理与大田管理相同。结果表明，玉米与秣食豆混和种植，由于二者形成了高低冠层，玉米充分利用上中部光照合成干物质，而秣食豆主要利用下部光照，使得群体收获的干物质产量要高于青贮玉米单播产量。此外，青贮玉米与秣食豆混播粗蛋白产量，显著高于青贮玉米单播处理，使青贮饲料的饲用品质明显得到改善。

（三）间作

间作是指两种或两种以上生育期长短大致相同的作物，在同一田块，按一定行数比例，同时成行间隔种植的栽培方法。若两种或两种以上作物成带状间隔种植，称为带状间作。

通过扩大绿色作物的覆盖面积，延长耕地绿色植物的覆盖时间，间作可以达到充分利用光热、土地资源，提高耕地生产能力，实现高产高效的目的。

（1）提高光能利用率　间作是将生育期、株高、根系以及对光反应等特性不同的作物，通过合理搭配种植，在田间构成复合群体，使群体叶面积系数及光能利用率，均高于单作种植，从而提高单位土地面积上的光能产物，最终实现增产。

（2）增加抗逆能力　不同作物对灾害性天气的反应不同。当严重自然灾害发生时，间作可以利用作物间抗逆性和适应能力的不同，减轻危害损失。另外，间作可减轻病虫为害。由于间作作物高矮不同，同时高秆作物较单作种植行距加大，使得间作较单作田间通风透光好，郁蔽遮光少，田间病虫害为害轻。

（3）用地与养地相结合　间作不仅可以充分利用地力，在一定条件下还具有养地作用。如禾本科与豆科作物间作时，利用豆科作物的固 N 作用，可以提高土壤肥力，同时促进禾本科作物的生长发育。另外，间作土壤中作物根量较单作种植明显增加，从而提升了土壤中有机质含量，提高了土壤肥力水平。此外，间作增加了地面覆盖度，可有效防止水土流失。

（4）充分发挥边际效应　高、矮作物间作种植改变了田间群体的层次结构，矮秆作物种植的地方变成了高秆作物的"走廊"，为高秆作物创造了更多的边行，增加了高秆作物田间通风透光性，提升了光照强度以及作物的光合能力。

青贮玉米常见间作模式

（1）青贮玉米与紫花苜蓿间作种植模式　青贮玉米与紫花苜蓿间作，间作种植带宽 4m，每带种植青贮玉米 4 行，行距为 50cm，株距为 30cm；种植紫花苜蓿 10 行，行距为 20cm，播量 1kg/亩，青贮玉米与紫花苜蓿间距 35cm，田间管理同一般大田生产。

（2）青贮玉米与豌豆间作种植模式　青贮玉米采用地膜覆盖宽窄行种植，膜上行距 40cm，穴距 37cm，每穴 2 粒种子，

膜间行距50cm；豌豆采用条播方法，种植于玉米宽行间，行距20cm，亩留苗约5.4万株，田间管理同一般大田生产。

（3）青贮玉米与四季豆间作种植模式　青贮玉米采用宽窄行种植，大行距70cm，小行距50cm，株距25cm；四季豆选用矮生品种，种植于玉米大行间，距离玉米20cm，行距30cm，穴距30cm，每穴4~5粒种子，田间管理同一般大田生产。

四、施肥

（一）基肥和追肥

1. 基肥　基肥又称底肥，是在播种前施入土壤的肥料。一般用于春播，主要作用是培肥地力，改良土壤，为玉米生长发育提供良好的土壤条件。青贮玉米植株高大，茎叶繁茂，单位面积生物产量高，需肥量大，应加大施肥量，施足施好基肥。

基肥应以有机肥为主，配以适量的化肥。有机肥包括人粪尿、畜禽粪便、厩肥、杂草秸秆堆肥以及各种绿肥、草木灰等。有机肥和全部的P、K肥以及30%的N肥用于基肥，还可根据生产实际，添加适量的微肥。

以赤峰地区为例，一般每亩可施入优质农家肥3 000~5 000kg，磷酸二铵15~20kg，氯化钾15~20kg，硫酸锌1~2kg。

2. 种肥　种肥是在玉米播种时与种子同时施入的肥料。主要作用是为玉米苗期生长提供所需的养分，以利培育壮苗，多用于夏播。

种肥以化肥为主，施用量不宜太多，每亩可施入磷酸二铵3~5kg，尿素3~5kg，氯化钾3~5kg，硫酸锌1~3kg，也可使用氮磷钾复合肥，用量可按各元素含量计算。

3. 追肥　追肥是在玉米生长期间，根据各生育时期养分需求特点追施的肥料。一般以速效 N 肥为主。在品种生育期较长，基肥施用量不足的情况下，可补施缓效性肥料，如腐熟的优质有机肥等。若需要补施 P 肥，可选择水溶性 P 肥。

肥料追施方法，可采用撒施法、条施法、穴施法、喷施法等，依据种植方式、肥料种类进行选择。追肥一般可分 2～3 次进行，全生育期可追施尿素 30～40kg。若分两次追肥，施肥时期应选在拔节期和大喇叭口期。尿素施用量，春玉米拔节期每亩为 5～10kg，大喇叭口期每亩为 15～20kg；夏玉米拔节期每亩为 8～12kg，大喇叭口期每亩为 20～25kg；若分三次追肥，应选在拔节期、大喇叭口期和花粒期，尿素施用量，春玉米拔节期每亩为 3～5kg，大喇叭口期每亩为 15～20kg，抽雄期 3～5kg；夏玉米拔节期每亩为 5～10kg，大喇叭口期每亩为 20～25kg，花粒期 3～5kg。

（二）施肥对青贮玉米产量和品质的影响

合理施肥是提高青贮玉米产量和品质的关键。

1. 施肥对青贮玉米产量的影响　马磊等（2013）关于 N 复合肥种类及施 N 量对坝上地区青贮玉米产量和品质的影响研究表明，施肥可显著提高青贮玉米生物产量，施用缓释肥每亩鲜物质和干物质，分别比对照增加 1 764.3kg 和 507.8kg，增幅达33.37%和45.15%。王忠美等（2012）对青贮玉米的研究表明 N 缓释复合肥可显著提高青贮玉米株高、鲜草产量和干草产量。

2. 施肥对青贮玉米营养品质的影响　茎叶比是植物叶量占生物总量的比值，它是评定青贮玉米营养品质的重要参考指标。青贮玉米叶片中的叶绿素、蛋白质、类胡萝卜素等含量均较高，而纤维素含量较低，多数家畜对叶的采食率明显高于茎秆。因此，青贮玉米茎叶比比值越低，营养物质含量就会越多，饲草的适口性就会越强，牧草的饲用品质也就越好。研究表明，施肥可使青贮玉米的茎叶比明显降低，营养品质明显提高（马磊等，2013）。

3. 施肥量、施肥时期对青贮玉米影响　徐敏云等（2011）关于施肥对青贮玉米营养品质和饲用价值的影响研究表明，基肥、种肥和追肥的施用对青贮玉米营养成分含量的影响很大。在不同底肥、种肥和追肥水平及组合下，青贮玉米养分含量存在着显著差异。其中，青贮玉米的饲用价值和营养品质最高的施肥模式为：每公顷基施 50 000kg 的牛粪肥，播种时用 15kg 的硫酸锌拌种，播后 25d，追施 300kg 尿素。

4. N、P、K 肥在青贮玉米生产中所产生的影响　郭顺美等（2007）通过对栽培措施对青贮玉米粗脂肪含量及产量的影响的研究发现，青贮玉米粗脂肪含量随施 N 量的增加，呈增加趋势；而随施 P 量的增加，呈逐渐下降的趋势，并且 P 施用量越大，下降越明显。

华鹤良等（2014）关于密度和施 N 量对青贮玉米产量与品质的影响研究表明，施 N 对青贮玉米的生物产量、营养品质均有显著影响。在一定范围内，随着施 N 量的增加，生物产量、粗脂肪和粗蛋白含量均呈上升趋势，当施 N 量为 15kg/亩时，青贮玉米的生物产量以及粗蛋白、粗脂肪含量达到最大值，之后随着施 N 量增加，生物产量、粗蛋白和粗脂肪含量反而有所下降。

李洪影等（2010）关于 K 肥对不同收获时期青贮玉米碳水化合物积累的影响研究表明，施用 K 肥可以显著提高青贮玉米全株蔗糖、果糖、可溶性总糖以及淀粉含量，同时还可提高鲜草产量。当 K 肥过量或不足时，会影响各类碳水化合物的积累，造成青贮玉米鲜草产量下降，以 K 施用量（K_2O）7.5kg/亩时，青贮玉米产量及各类碳水化合物含量最高。

五、灌溉

（一）青贮玉米需水规律、需水量和灌水量

1. 需水量　需水量即耗水量，指青贮玉米全生育期土壤棵间蒸发和植株叶面蒸腾所消耗的总水量。青贮玉米需水量受产量水平、品种、栽培条件、气候等因素影响而存在着一定的差异，需水量的多少与产量高低密切相关。青贮玉米干物质产量的累积，生物产量向籽粒的转化等都需要一定的水分。在气候正常的情况下，青贮玉米需水量一般随着籽粒产量水平的提高而呈相应增加的趋势。当产量达到一定水平时，需水量随产量提高趋势逐渐趋于平缓。刘虎等（2013）关于北疆干旱荒漠地区青贮玉米需水量与需水规律的研究表明，在水分适宜的条件下，北疆地区青贮玉米需水量为593mm。

2. 需水规律　青贮玉米生长阶段的需水量和耗水强度具有一定的变化规律。不同生育阶段植株大小和田间覆盖情况，使得各生长阶段田间蒸发量也存在着一定的差异。一般需水量变化规律为生育前、后期需水少，生育中期需水多。

（1）生育前期　由于植株矮小，叶面蒸腾量很少，耗水量比较低，一般占总需水的17%左右。这一阶段以根系生长为主。控制土壤水分含量占田间持水量的60%左右为宜。

（2）抽雄穗前后　青贮玉米的需水临界期，是需水量最多，对水分需求最为敏感的时期。此时玉米需水量大幅上升，一般占总需水量的26%左右，适宜这一阶段的田间持水量为70%～80%。如果这一时期水分供应不足，就会出现"卡脖旱"，造成雄穗不能正常抽出，导致雌穗授粉不良，影响结实。

（3）抽穗开花期　青贮玉米的抽穗开花期，是全生育期需水最多的时期，称为玉米需水的"临界期"。这一阶段所需水量占总需水量的20%左右，适宜田间持水量为80%。若此期高温干旱，就会影响正常抽丝开花，缩短花柱、花粉寿命，导致授粉不良，造成严重减产。

（4）灌浆成熟期　玉米灌浆至蜡熟阶段，是籽粒形成的重要时期，大量营养物质在不断的向籽粒输送，而这一输送过程能够正常进行的前提条件是水分必须充足。灌浆期需水量占总量的25%左右，灌浆期后仍需一定的水分来维持植株的生命活动，约占总需水量的7%左右。

3. 灌水量 青贮玉米各生育时期的灌水量，要根据青贮玉米各生育时期的需水规律、土壤湿度和降水情况来确定。一般应掌握在底墒适宜的情况下苗期不灌，拔节至灌浆期和乳熟期间多灌的原则。青贮玉米各生育阶段的灌水量，要根据各时期需水量和灌溉前土壤水分情况而定。每次灌水量不宜太多，否则会影响土壤的透气性，且易引起土壤次生盐渍化，对玉米正常生长不利。

（二）灌溉方式

1. 不灌溉 雨养农业基本不灌溉，它是单纯依靠自然降水为水资源的农业生产。随着科技的进步，现代"雨养农业"的内涵有了很大发展，同时也包括实行补偿灌溉和人工汇集雨水的农业生产类型。它不仅存在于半干旱、半湿润易旱区，同时也存在于雨量充足的湿润地区。按照雨量多少，雨养农业又分为旱区雨养农业和湿润区雨养农业。中国雨养农区主要包括内蒙古中、东部地区，山西雁北，河北张北，陕西北部，甘肃定西、榆中、宁夏南部的西海固，青海的玉树、果洛以及西藏拉萨等地，这类地区基本不灌溉。在这类地区，围绕对雨水的合理利用，已形成了保水、蓄水和用水相结合的一套完整技术体系。

（1）保水、蓄水技术 保水、蓄水技术是雨养农业的基础，也是实现水土保持和综合治理的核心技术。其主要措施包括建造接纳储蓄雨水的库、坝、塘、窖等设施，以及梯田改造建设等一系列水土保持工程措施，同时包括覆盖保墒技术和水土保持耕作技术。

（2）高效用水技术 高效用水是雨养农业的关键技术，中心任务是提高农作物对水分的有效利用率。主要措施包括选育节水抗旱品种、水分高效利用的栽培耕作措施。雨养农区的土壤一般肥力水平较低，培肥地力、种植豆科牧草，是这一地区提高水分有效利用率的重要栽培措施之一。

随着干旱的不断加剧以及农业灌溉用水在整个水资源分配中

比例的日趋减少，雨养农业在未来农业中将会占有越来越重要的地位。

2. 节水补充灌溉 节水补充灌溉是利用最低限度的灌水量来获得最高的产量或收益的灌溉措施，它的主要目的是最大限度地提高单位用水量的农作物产量和产值。尤其在水资源匮乏的地区，通过实施节水补充灌溉，农作物能够得到及时的灌溉，为实现粮食增产增收，创造了良好基础。

节水补充灌溉主要包括渠道防渗、管道输水、喷灌、渗灌、微喷、滴灌等灌溉方式。

（1）渠道防渗　渠道输水是当前中国农田灌溉的主要方式。渠道防渗可划分为三合土护面防渗、砌石防渗、混凝土防渗、塑料薄膜防渗等形式。渠道防渗输水具有渠道渗漏少、输水快、节省土地等优点。

（2）管道输水　管道输水是通过管道将水直接输送到田间进行灌溉，它可以降低水在输送过程中的蒸发和渗漏损失。常用的管材主要有塑料、混凝土及金属等。管道输水具有输水快、省水、节地、增产等优点。

（3）喷灌　喷灌是通过管道将带有一定压力的水输送到灌溉地段，再利用喷头将水流分散成细小的水滴，均匀喷洒于田间的一种节水补充灌溉方式。常用的喷灌包括平移式、管道式、卷盘式、中心支轴式和轻小型机组式。喷灌具有节水效果好、增产幅度大、降低工作量、避免土壤次生盐碱化等优点，已为很多发达国家广泛采用。

（4）微喷　微喷是近年来新发展起来的一种喷灌方式，分为地插微喷和吊挂微喷。它通过 PE 塑料管道进行输水，利用微喷头进行喷洒灌溉。其优点是相比一般喷灌更省水、喷洒更均匀。

（5）滴灌　滴灌是通过塑料管道，将水由直径 16mm 左右毛管上的孔口或滴头，输送到作物根系周围进行灌溉。实施滴灌可将水利用率提高到 95% 左右，是目前水资源匮乏地区最有效的节水补充灌溉方式。

3. 滴灌

滴灌是用于西北灌溉农区的一项节水灌溉新技术，具有极强的节水能力。它通过管道系统及安装于末端管道上的灌水器，将水流以小流量均匀准确地补充于作物根部土壤，以供根系吸收利用。同时，还可以随水施肥，确保作物正常生长发育对水分和养分的需求，具有节水、节肥、便于自动化调控等优点。滴灌对抵制水分蒸发效果十分明显，可达到少灌、减少蒸发、节水的目的，特别适于在蒸发量大的新疆地区推广应用。新疆位于中国西北干旱地区，降水极少，全疆平均年降水量仅为 147.4mm，且蒸发量大，平均蒸发强度高达 1 512.1mm。在新疆地区应用滴灌节水技术，具有重要的现实意义。

通过多年的生产实践，新疆兵团的科技工作者，逐步总结出了一套应用于青贮玉米生产的科学滴灌节水技术。青贮玉米由于植株高大，对水肥要求较高。在节水灌溉条件下，一般春播全生育期需水量 250 ~300m³/亩，可分 4 ~5 次进行灌溉。第一水时间要根据田间苗情状况酌情安排，一般在播后 40d 进行。第 2 ~5 水分别为拔节期、大喇叭口期、抽雄期、授粉期。青贮玉米是将籽粒与秸秆同时收获用于青贮，所以，适时施入速效 N 肥对提高青贮玉米产量具有十分重要的作用。青贮玉米全生育期一般追肥 2 ~3 次，分别在第一水、大喇叭口期和授粉期，结合滴灌追施尿素 25kg/亩。复播青贮玉米全育期需滴水 5 ~6 次，每 10 ~12d 滴水 1 次，每次滴水 25 ~30m³/亩，总滴水量约为 150m³。

六、田间管理

（一）中耕与除草

1. 中耕 玉米田中耕是指在玉米生育期间对土壤进行的所有耕作活动。中耕可起到疏松土壤，破除板结，促进根系发育，减少土壤水分蒸发等作用。同时，中耕还可以消灭杂草，防止草荒。中耕主要在玉米出苗至封垄阶段进行，具体中耕次数、时间和深度，要根据气候、土壤墒情和玉米生育状况而定。玉米整个生育期一般中耕 2 次为宜，分别在苗期和穗期进行。苗期中耕主要目的是疏松土壤、提高地温、清除杂草。此次中耕宜早宜浅、切忌压苗。穗期中耕一般在拔节后至大喇叭口期之前进行，此次中耕结合培土，培土高度以 7~8cm 为宜，主要目的是疏松土壤，促进根系发育，防止后期倒伏。

2. 杂草除治

（1）玉米田杂草的危害　杂草危害是影响玉米产量的主要因素之一。玉米生长期间，温度高、湿度大，田间极易滋生杂草。尤其是夏玉米，播种前后正逢高温多雨的季节，田间有前茬作物遗留的杂草，还有玉米播种后与玉米同时出土的杂草，对玉米幼苗生长构成严重威胁。

（2）中国主要玉米区草害特点及防治重点　玉米田杂草有上百种之多，主要包括马唐、稗草、狗尾草、牛筋草、马齿苋、反枝苋、铁苋、蓟、藜、田旋花、鸭跖草等。因地理环境、气候条件等因素的不同，各地玉米田主要杂草种类也存在着一定的差异。根据自然条件和耕作方式，全国玉米田杂草可分为 6 个草害区。化学除草的适宜时期与杂草发生规律密切相关，掌握杂草发生规律，对化学防除杂草有着重要意义。此外，生态类型不同的地区间，杂草发生规律及动态存在着一定的差异。

①北方春播玉米田草害区。包括黑龙江、吉林、辽宁、河北和山西的北部等。该区玉米为一年一熟，种植形式以玉米和麦、豆、高粱等作物轮作。杂草种类主要有马唐、稗草、龙葵、狗尾草、铁苋、蓼、苍耳、蓟、田旋花等。草害面积占玉米总播面积的 100%，严重草害面积占 90%，玉米整个生长期间都可受到杂草危害，必须加强防治。该区玉米为一年一熟制，一般在 4 月底5 月初进行播种。随着玉米的出苗，藜、蓼等杂草也相继出土。随着气温的升高，杂草出土量不断增加，至 5 月下旬，杂草发生量达到第一个高峰。7 月上中旬，随着降雨量的加大，杂草发生

量达到第二个高峰。

②黄淮海夏播玉米田草害区。包括河北中南部、河南、山东、山西南部、陕西关中、安徽以及江苏北部等地区，该区玉米为一年二熟，种植形式以玉米、小麦轮作为主。杂草种类主要有马唐、狗尾草、牛筋草、藜、田旋花、马齿苋、画眉草、香附子等。草害面积占玉米总播面积的82%~96%，危害中等程度以上的面积占65%~80%。该区玉米主要为一年两熟制，杂草种类主要是晚春性杂草，如马唐、反枝苋等。这类杂草一般当日平均气温达到15℃时，若条件适宜即可萌发出土。当日平均气温达25℃以上时，杂草出土量达到高峰。且随着气温的升高、降雨量的加大，杂草数量不断增加，当日平均气温达30℃时，杂草出土数量达最高值。

③长江流域玉米田草害区。包括江苏南通、上海、浙江北部，该区玉米为一年二熟或三熟。种植形式一般为小麦、玉米、水稻轮作或套作。杂草种类主要有马唐、牛筋草、马齿苋、凹头苋、碎米莎草、臭矢菜、稗草、鳢肠、粟米草、双穗雀稗、空心莲子草等。该区夏玉米播种期正处于高温、高湿的气候条件下，有利于杂草萌发、生长，杂草发生较早且相对集中。一般杂草在夏玉米播种后，开始萌发出土。播种10d后，杂草大量达到高峰，播种15d后杂草出土量达90%，播种30d后杂草出土量达97.5%。

④华南玉米田草害区。包括广东、福建、江西、湖南、湖北等省。该区属亚热带和热带温润型气候，杂草种类包括马唐、牛筋草、稗草、胜红蓟、青葙、绿狗尾、碎米莎、香附子、野花生、臭矢菜等。

⑤云贵川玉米田草害区。包括四川、云南、贵州和广西等地，该区玉米为一年两熟或两年三熟。杂草种类主要有马唐、辣子草、毛臂型草、尼泊尔蓼、绿狗尾、荠菜、凹头苋、蓟菜、风轮菜、金狗尾等。该区玉米在立夏至芒种期间进行播种，随后杂草陆续出土，55d左右杂草出土达到高峰，此后杂草出土量逐渐

减少。

⑥西北玉米田草害区。包括新疆、甘肃、宁夏、陕西、青海、西藏等地区，该区玉米为一年两熟、两年三熟或一年一熟。杂草种类主要有藜、田旋花、稗草、大蓟、冬寒菜、苣荬菜、灰绿藜、绿狗尾、酸模叶蓼、芦苇、问荆等。该区玉米在 4 月末至 5 月初进行播种，播种后杂草陆续出土，至 5 月中旬杂草出土达第一高峰，这一阶段杂草种类主要包括藜科和蓼科杂草。5 月下旬至 7 月上旬为杂草出土第二高峰，出土杂草主要是稗草。7 月底后，杂草出土量逐渐减少。

（3）玉米田杂草的综合治理　杂草综合治理目的在于减少杂草危害，提高作物产量，增加经济效益，确保农业的健康可持续发展。杂草综合除治的关键是要把杂草消灭在萌发期或幼苗期，以最少的投入，获取最大的效益。具体措施包括以下几个方面。

一是杂草种子的检疫。种子是杂草发生、传播、蔓延的主要原因之一。华北夏玉米区出现的两种危害重且不易防除的杂草——野黍、落粒高粱，就是通过种子传入并蔓延的。为此，一定要做好杂草种子的检疫工作，防止杂草从国外传入或在国内各种植区内扩散蔓延。

二是农艺措施除草。农艺除草是指通过耕作、栽培等农艺措施，控制杂草生长，减轻杂草危害，从而达到提高作物产量的目的。具体措施包括秋耕深翻、轮作倒茬、精选种子和中耕除草等。

三是化学除草。化学除草是一项利用化学除草剂进行进行杂草防除的除草措施，具有简单易行、方便快捷、省工省力、成本低、效果好等特点，是目前杂草防除的主要措施。

3. 玉米田主要除草剂种类

（1）酰胺类除草剂　这类除草剂可以被杂草嫩芽吸收，在杂草出土前进行土壤封闭处理可有效防治一年生禾本科杂草和阔叶杂草。品种有乙草胺、甲草胺、异丙甲草胺、异丙草胺、丁草胺等。土壤墒情状况对酰胺类除草剂除草效果影响很大，土壤墒情好有利于除草剂效果的充分发挥。在土壤干旱的情况下，要先浇水再施药。

（2）三氮苯类除草剂　这类除草剂以杂草根系吸收为主，可有效防除玉米田一年生阔叶和禾本科杂草。品种有莠去津、扑草津、氰草津、西玛津等，其中，莠去津可与乙草胺混用，以降低用量，提高除草效果。

（3）磺酰脲类除草剂　可以用于防治玉米田禾本科、莎草科和部分阔叶杂草。品种有烟嘧磺隆、砜嘧磺隆、噻磺隆等。

（4）苯氧羧酸类除草剂　主要用于玉米出苗后防治阔叶杂草和香附子。品种有2甲4氯钠盐、2，4－D丁酯。

（5）灭生性除草剂　这类除草剂用于封闭除草效果不好。在播后苗前未施用除草剂的玉米田，可在玉米苗高约40cm后，进行定向喷雾，品种有草甘膦和百草枯等。

4. 除草剂使用方法

（1）土壤封闭除草法　是在玉米播后苗前，喷施除草剂，进行土壤封闭处理的一种化学除草方法，是玉米田化学除草的主要方法。

要选用安全、高效、低毒、低残留品种，以确保除草效果及对人、畜和下茬作物的安全性。

要在玉米播后苗前或是玉米苗后早期使用，此时进行杂草防除药量使用少，防治效果好，省时省工，是杂草防治的最佳时机。

一般用药量要以使用说明要求的剂量为准，而在小麦收割留茬较高的地块，可适当增加药量。注意不要焚烧麦茬，防止燃烧后的草木灰与除草剂发生反应，影响药剂的发挥。

在田间湿度较大的情况下，除草剂才能充分发挥药效。为此，一般玉米播种后，若田间土壤湿度较小，应立即灌水，2～3d后再进行喷药。喷药要选择无风天气进行，加充足的水，采取倒退式喷药法，均匀喷施，防止重喷或漏喷。喷施除草剂的田块，禁止踩踏破坏药膜。若在喷药后24h内遇大雨，应及时补喷。

（2）苗后茎叶喷雾除草法　对于在玉米播后苗前，未使用除草剂进行土壤封闭处理的田块，可在玉米3~5叶期，使用20%玉黄达地悬浮剂和50%玉宝可湿性粉剂，进行苗后杂草茎叶喷雾处理。

（3）灭生性除草剂定向喷雾除草法　对于玉米生长前期未进行除草或除草效果不好，在玉米生长中后期，发生草荒的地块，每亩可用10%的草甘膦水剂600~800ml，对杂草实行定向喷雾，防止药液喷洒到玉米茎叶上，产生药害。

玉米田化学除草应注意的问题

在北方春玉米区，玉米播种时气温较低，且干旱少雨，这对除草剂药效的发挥影响较大。为此，施药前应精细整地、播后进行镇压，浇足底墒水。因施时间与小麦播种时间较长，且气温较低，可适当加大药量，以保证除草效果。

华北夏玉米区夏玉米播种正处于夏季，气温高、降雨多、杂草生长较快，应及时喷施除草剂，进行土壤封杀处理，否则极易造成草荒，导致减产。因施药期与下茬小麦播种期间隔较短，为避免影响夏茬小麦，应做好除草剂品种及药量的选择。可选用安全高效的40%乙莠水悬浮乳剂、50%禾宝乳油、玉米宝等，因夏季高温、多雨，利于药效的发挥，可适当降低药量。

注意除草剂的搭配使用。除草剂品种不同，除草范围及效果也有所区别。有的除草剂除草范围小，但使用效果好；有的除草剂除草范围广，但对某些种类的杂草，应用效果较差。为彻底铲除田间杂草，生产上一般采用两种除草剂，进行混配使用，这样在扩大除草范围的同时，也提高了除草效果。

然而，不是任何种类的除草剂都可以混用。如果盲目地把两种或多种除草剂混用，有时不但不能增加除草效果，反而会降低药效，甚至出现药害，造成损失。为此，严禁除草剂乱混乱用。即使可以一起混用的除草剂，也要先进行混配观察，大面积应用于生产前，还要开展药效、药害试验。

（二）病害防治

玉米田发生的主要病害有根腐病、玉米大斑病、小斑病、玉米弯孢菌叶斑病、玉米褐斑病、玉米粗缩病、玉米矮花叶病、纹枯病、玉米茎腐病、玉米穗粒腐病、玉米黑粉病、顶腐病、丝黑穗病等。以下简要介绍 10 种病害。

1. 玉米大斑病

（1）症状　玉米大斑病属真菌性病害，致病病菌为玉米大斑突脐蠕孢菌。病害以为害叶片为主，有时也感染叶鞘和苞叶。先从下部叶片开始发病，逐渐向上扩展。病斑大多为梭形，呈灰色或黄褐色。叶片上的病斑可分为萎蔫斑和褪绿型病斑两种类型。

①萎蔫斑。多发生于感病品种上。发病初期呈水浸状点，后沿叶脉逐渐向两端扩展，形成中央黄褐色，边缘褐色的长梭形的萎蔫斑，斑块边界不受叶脉控制，大小不一，斑块长度最大可达 30cm。若田间湿度较大，病斑表面会出现灰黑色的霉状物。

②褪绿型病斑。多发生于抗病品种上。病斑较小，呈黄绿色或淡褐色条斑或坏死斑，大多不产生分生孢子，或产生的量极少。

（2）发生规律　病菌主要以菌丝体或分生孢子在田间的病残体上越冬，翌年春季若气候条件适宜，则会萌发出大量分生孢子，并随气流、雨水传播到玉米田进行危害。玉米大斑病病菌生长的适宜温度为 20～25℃，相对湿度为 90% 以上，28℃以上病菌生长受到抑制。田间温度低、湿度高、光照不足利于大斑病的发生。

（3）防治方法　选用抗病品种。发病严重的地块，可于发病初期将底部叶片摘除，以减少病菌数量。待玉米收获后，须将残留的秸秆集中焚烧。发病严重的地块，应实行 2 年以上轮作。发病早期使用 10% 苯醚甲环唑 1 000 倍液，或用 25% 丙环唑乳油 2 000 倍喷施。

2. 玉米小斑病

（1）症状　玉米小斑病主要发生在叶片上，病斑小而多。一般分为三种类型，一种是长形斑。中间为黄褐色，边缘为深褐色，病斑受叶脉限制；第二种为梭形斑。病斑椭圆形或梭形，呈灰色或黄褐色，病斑不受叶脉限制；第三种为点状斑。病斑为坏死斑点，呈黄褐色。

（2）发生规律　病菌主要以菌丝体或分生孢子在田间病残体上越冬，翌年萌发出大量分生孢子，随气流、雨水传播到玉米叶片上进行侵染。玉米小斑病的适宜发病温度为 26 ~29℃，高温高湿易引发病害。

（3）防治方法　同玉米大斑病。

3. 玉米弯孢菌叶斑病

（1）症状　主要侵害叶片，少数侵染叶鞘和苞叶。染病部位多从上部叶片开始，逐渐向中下部扩展。病斑小而密，中心灰白色，边缘呈黄褐色或红褐色，周围有淡黄色晕圈。

（2）发病规律　病菌一般以子座或菌丝体在病残体上越冬，翌年遇适宜温度萌发出大量孢子，通过气流、雨水传播侵染叶片。病菌生长适温为 28 ~32℃，高温潮湿环境下易发生病害。

（3）防治方法　同大斑病。

4. 玉米锈病　玉米锈病一般发生于玉米生长中期，主要侵害玉米叶片，也可侵染雄穗、雌穗及苞叶，严重时导致玉米植株干枯、籽粒不饱满，造成减产。

（1）症状　发病初期，被侵染的部位最初为乳白色、淡黄色，逐渐变为黄褐色至红褐色的夏孢子堆。夏孢子堆散生或聚生在叶两面，椭圆或长椭圆形隆起，表皮破裂后散出绣粉状夏孢子，呈黄褐色至红褐色。病害发生严重时，叶片上布满孢子堆，造成叶片干枯、折断。

（2）发病规律 锈病在玉米生长阶段可反复多次侵染，引发病害。田间发病时，先从植株顶部自上而下逐渐扩展蔓延。地势低洼，种植密度大，通风透气差，高温、高湿条件及 N 肥施用较多的地块发病重。一般早熟品种及甜玉米发病较重，叶片少、叶色黄的品种发病较重，马齿型品种较抗病。

（3）防治方法 玉米锈病是一种随气流传播的流行性病害，应采用以选用抗病品种为主，栽培措施和药剂防治为辅的综合防治办法。

施肥应采用 N、P、K 科学配比，不可偏施 N 肥。

适当早播，合理密植，中耕松土，浇适量水，创造有利于作物生长发育的环境，提高植株的抗病能力，减少病害的发生。

发病初期，可用 25% 三唑酮可湿性粉剂 1 000 ~ 1 500 倍液或用 12.5% 烯唑醇可湿性粉剂 3 000 倍液，进行喷雾防治，隔 1 周喷施 1 次，连续喷 2 ~ 3 次。

5. 玉米褐斑病 玉米褐斑病，又名玉米节壶菌病，是近年来普遍发生、危害严重的一种真菌性病害，整个玉米生长期都可以发病。

（1）症状 以危害叶片、叶鞘和茎秆为主，发生严重时也侵害茎节和苞叶。病斑多出现在叶片和叶鞘连接处，常密集成行。茎上病斑多发生于节的附近，遇风易倒折。叶片发病，病斑先在叶鞘部位发生，后蔓延至叶片基部。病斑初为白色至黄色小斑点，后逐渐变为褐色或红褐色，直径为 1mm 左右的圆形、椭圆形或线形斑，叶鞘及叶片主脉上的病斑长度可达 3 ~ 5mm。病斑逐渐隆起成疱状，有时多个病斑相互合并成不规则大斑。严重时叶片上会出现几段密集的病斑，有的叶片几乎全部布满病斑。后期病斑表面常破裂，散出黄褐色粉末状的病疱子，危害严重的可导致叶片发黄、干枯，直至整株枯死。

（2）发生规律 病原菌为玉蜀黍节壶菌，属于鞭毛菌亚门，是玉米专性寄生菌，在寄主的薄壁细胞内寄生。病菌以休眠的孢子囊在土中或病残体上越冬，翌年病菌随气流传播扩散，条件适宜时在叶片表面萌发，产生大量游动孢子，同时形成侵染丝，侵染玉米的幼嫩组织。高温、高湿的环境条件，以及 N、P、K 配比不合理，N 肥施用过多的地块，极易发生褐斑病。

（3）防治方法　种植抗病品种。若田间发现病株应及时拔除并带出田块处理。玉米收获后，彻底清除田间病残体，降低病原基数。发病严重的地块，要实行轮作倒茬。

深耕深松，施足基肥，注意 N、P、K 肥合理搭配。合理密植，避免田间郁蔽，为植株生长创造良好的通风透光条件。

玉米 4~5 叶期或发病初期，每亩用 25% 的三唑酮可湿性粉剂 1 500 倍液，或用 12.5% 烯唑醇可湿性粉剂 1 000 倍液，进行叶面喷施，可起到很好的防治效果。

6. 玉米粗缩病　玉米粗缩病是由水稻黑条矮缩病毒引起的病害，是玉米生产上的一种重要病害。

（1）症状　玉米粗缩病，俗称"坐坡""万年青"。玉米整个生长期均可感病，以苗期危害最重。幼苗染病，植株根系少，叶片浓绿，节间缩短，矮化，心叶扭曲不能正常展开。成株期感病，叶背、叶鞘及苞叶的叶脉上有粗细不一的白色蜡状突起。病株矮化，不及健株一半。轻病株雄穗发育不良，虽能抽出但散粉少。雌穗短，花柱较少，籽粒少。重病株雄穗不能抽出，雌穗畸形，不能结实。

（2）发生规律　病毒可在冬小麦、多年生禾本科杂草及传播昆虫介体中越冬，主要靠灰飞虱进行传播。粗缩病的发生与灰飞虱在田间的活动有密切关系。小麦接近成熟时，第一代带毒灰飞虱开始从小麦向玉米田迁移，通过取食将病毒传给玉米，引发病害。小麦收获期间，为灰飞虱迁移高峰。所以，春玉米较夏玉米发病重。田间及周边地头杂草丛生的地块发病重。

（3）防治方法　以控制毒源、降低虫源为核心，在选用抗病品种、加强栽培管理的基础上，做好化学防治。

选用在当地生产中抗病性较好的品种。

加强栽培管理。调整播期，使玉米幼苗易感病期（4~5

叶），避开第一代灰飞虱成虫迁移期。彻底清除田间及周边地头杂草，及时去除田间病株，减少毒源。施足有机肥，增施 P、K肥，提高植株抗病能力。

药剂防治。做好种子包衣或药剂拌种工作。田间喷施 10%的吡虫啉可湿性粉剂，注意喷洒田边、沟渠、畦埂杂草，以彻底消灭灰飞虱。发病初期，可用 20%盐酸吗啉胍·铜可湿性粉剂，加植物生长调节剂，进行叶面喷施，可以在一定程度上减轻危害。

7. 玉米矮花叶病　玉米矮花叶病又名玉米花叶条纹病，由甘蔗矮花叶病毒引起。以侵染玉米、高粱、谷子等禾本科作物及狗尾草等一些禾本科杂草为主。

（1）症状　玉米整个生长期都可以发病，以苗期受害最重。发病初期在心叶基部叶脉间出现许多椭圆形褪绿点，沿叶脉形成断续的条点，叶脉间叶肉失绿变黄，迅速扩展到全叶，叶脉仍为绿色，形成黄绿间的条纹。后期叶片变黄、脆硬易折断，而后叶尖叶缘开始变红干枯。病株矮化黄弱，不能抽雄结实，甚至提前枯死。

（2）发生规律　病毒主要寄生在田间禾本科杂草上越冬，靠蚜虫传播、扩散。蚜虫取食带毒杂草获毒后，迁飞到玉米田，通过带毒口器进行传毒扩散。玉米收获后有毒蚜虫又迁飞回杂草上传毒越冬。

（3）防治方法　选用抗病品种。

防治蚜虫要坚持"治早、治少、治了"的原则，做好田间虫情调查，及时发现，及时防治。药剂使用同玉米粗缩病。

加强栽培管理。调整播期，使玉米苗期与蚜虫从麦田向玉米田迁飞的高峰期错开。彻底清除田间及周边地头杂草，及时去除田间病株，减少毒源。

8. 玉米茎腐病　玉米茎腐病又名青枯病，是由多种病原菌单独或复合侵染玉米根部或茎基部而引起腐烂的一种土传性病害。

（1）症状　该病一般从玉米灌浆期开始发病，至乳熟后期病症表现明显。病菌先从根部侵染，出现水渍状淡褐色病变，逐渐向茎基部蔓延，最后整个根系腐烂变褐，茎基部变软，失水皱缩。病株最初出现萎蔫，叶片自下而上或自上而下迅速失水变成青灰色并干枯。从开始发病到全株枯死一般 6d 左右，发病快的仅为 2～3d。病株早衰，果穗倒挂，籽粒不饱满，造成严重减产。

（2）发生规律 病原菌以分生孢子、卵孢子或菌丝体在病残体和土壤上越冬，成为翌年的初侵染源。病原菌一般借伤口、雨水或昆虫，侵入根部进行侵染扩散。当玉米进入乳熟阶段后，病原菌开始向茎基部扩展蔓延。此时植株衰老抗病性下降，遇到暴雨，雨后暴晴，病害就会迅速向周围植株扩展蔓延，导致病害大面积发生。

（3）防治方法 选种抗病品种。

加强栽培管理。实行轮作换茬，降低病菌数量。玉米收获后彻底烧毁田间病残体，减少病源基数。加强田间管理，通过合理密植，增施有机肥、P 肥、K 肥等措施，培育壮株，提高植株的整体抗性。

药剂拌种。可用 25% 三唑酮可湿性粉剂 100～150g，加适量水，拌种 50kg，可有效减轻茎腐病的发生。

9. 玉米穗腐病 玉米穗腐病是由串珠镰刀菌、禾谷镰刀菌、青霉菌、曲霉菌、粉红单端孢和蠕孢菌等多种病原菌侵染引起的玉米穗部病害的统称。病原菌直接侵入果穗，致使籽粒发霉腐烂，出芽率严重下降。病原菌产生的毒素，还可以引起人、畜中毒。

（1）症状 果穗及籽粒均可受害，病穗表面没有光泽，整个或部分果穗，最初出现霉层，后腐烂。籽粒瘦瘪、皱缩，湿度大时会出现粉红色或灰白色菌丝体，籽粒腐烂。

（2）发生规律 病菌以分生孢子、菌丝体，在种子、病残体上越冬，成为初侵染源。翌年分生孢子、菌丝体借风雨传播。穗腐病的发生与田间湿度及害虫发生情况密切相关。一般玉米吐丝至成熟期，降雨天气多，田间湿度大，有利于穗腐病发生；田间玉米螟和棉铃虫为害严重的地块，穗腐病发生较重。

（3）防治方法　选用抗病品种。

加强栽培管理。合理密植。适时浇水施肥，保持田间通风透光，促进玉米早熟。在发病地块，可在蜡熟期剥开果穗苞叶晾晒，及早收获、脱粒，充分晾干后入仓存贮。

药剂拌种，降低菌源。喇叭口期注意防治玉米螟，减少伤口侵染的机会。

10. 玉米黑粉病　玉米黑粉病是由玉米瘤黑粉菌侵染引起的病害。

（1）症状　病菌可危害玉米的茎、叶、雌穗、雄穗和腋芽等的幼嫩组织。侵染部位出现大小不一、形状不同的瘤状物，开始为白色肉质，柔嫩、汁液丰富，外面有一层白色薄膜。随着病瘤的长大，颜色由白色逐渐变为灰白色至灰黑色，瘤内充满大量黑色冬孢子，外膜变硬、变脆，后期破裂，释放出冬孢子。

（2）发生规律　玉米黑粉病是玉米生产中发生较普遍的一种重要病害。玉米全生育期均可发病。病菌以冬孢子在土中、植物病残体和种子上越冬，翌年在条件适宜的情况下，冬孢子萌发出大量的单孢子和次生单孢子，借风雨、农事操作等进行传播。病菌侵入玉米幼嫩组织，产生一种类似激素类的物质，使寄主细胞受刺激膨大增生，形成瘤状物，后期玉米瘤破裂，条件适宜冬孢子可进行再侵染。玉米抽雄前后，干旱天气利于病菌侵染。此外高温、高湿天气也利于病害的发生。

（3）防治方法　种植抗病品种。

加强栽培管理。重病区可实行 2~3 年轮作。抽雄前后视土壤墒情情况及时灌溉，避免干旱。田间发现病瘤及早摘除，带出田外销毁，以降低田间菌量。此外，玉米收获后要彻底清除病残体，并于秋季进行深耕翻。

药剂防治。用 50% 福美双可湿性粉剂拌种，可有效减轻病害的发生。

（三）虫害防治

1. 玉米螟 玉米螟别名玉米钻心虫。属鳞翅目，螟蛾科，为多食性害虫。寄主多达上百种，主要为害玉米、高粱、谷子等作物。

（1）识别要点 玉米螟一生分为卵、幼虫、蛹、成虫四个阶段。

成虫：雌成虫头胸背面及前翅为淡黄褐色，前翅上有 3 条波状纹线，后翅黄白色，中部及尖端有弧形暗色线，腹面及足为白色，腹背为黄白色。雄成虫头胸背面为乳白色，前翅暗黄褐色或红褐色，后翅淡褐色，有 2 条带状纹线。

卵：初产时为白色，逐渐转为淡黄色或淡绿色，直至黑褐色，卵表面分布有大小不等的多角网状纹，卵聚集一起，为不规则的鱼鳞状卵块，分布于叶背面，以中脉附近为多。

幼虫：白色，头部为褐色，上有黑点，背面呈粉红、青灰或灰褐色。

蛹：褐色，外有一层薄茧，腹部背面有不明显的脊。

（2）发生规律 玉米螟因气候条件不同，在中国各地一年可发生 1～6 代。以幼虫在寄主体内越冬。通常以最后一代老熟幼虫化蛹，羽化为成虫，昼伏夜出，羽化第二天即能完成交尾产卵。每头雌蛾可产卵 300～600 粒，有的多达上千粒。3～5d 即可完成孵化。刚孵化的幼虫多藏于叶腋处，或雌穗花柱基部取食为害。4 龄后蛀入雌穗或茎内咬食，并在里边化蛹。

（3）为害特点 玉米螟具有钻蛀为害的特点，钻食心叶，被害心叶展开后其上有一排排整齐的小孔。抽穗后幼虫蛀入雄穗或茎秆内为害，导致雄花基部或部分茎秆折断。雌穗抽出后，幼虫开始取食玉米花柱，嫩粒或蛀入穗轴中为害，造成减产。

（4）防治方法 防治玉米螟要做到越冬防治与生长期防治相结合；化学防治和生物防治结合；心叶期防治与穗期防治相结合。

①越冬防治　虫害发生严重的地块，在冬春两季应采用沤、烧、青贮等方法处理玉米穗轴、秸秆，彻底杀死越冬期幼虫。也可用白僵菌粉处理秸秆，可有效减少虫源。

②化学防治　在玉米大喇叭口期，可亩用1.5%辛硫磷颗粒剂1~1.5kg，撒入心叶进行防治。在玉米雄穗刚抽出时，可在雄穗内灌注48%毒死蜱2 000倍液，或用2.5%溴氰菊酯乳油1 000~1 500倍液，每株用量10ml。

③生物防治　在玉米螟卵期可释放赤眼蜂，或在心叶末期撒施苏云金杆菌细菌农药Bt乳剂，均可取得很好的防治效果。

2. 黏虫　黏虫俗名剃枝虫、行军虫、五色虫。属鳞翅目，夜蛾科，是具有远距离迁飞的暴食性害虫。主要为害麦类、玉米、谷子、高粱、青稞等禾本科作物及禾本科杂草，在中国大部分地区均有发生，大发生时可把玉米叶片吃光。

（1）识别要点　黏虫一生分为四个阶段即成虫、卵、幼虫、蛹。

成虫：体长17~20mm，翅展40~45mm。前翅暗黄褐色，近前缘部位有2个浅黄色圆斑，在外方圆斑下有1白色小点，外缘上分布着7个小黑点，顶角至后缘约三分之一处有一条浅斜线。后翅端部为灰褐色。

卵：隆起半圆形，初产黄白色，逐渐变为黄色至褐色，稍有光泽，有不规则的纵脊，卵粒粘结在一起呈纵行排列。

幼虫：体色黄褐至墨绿色，头盖有网纹，头部为红褐色，上有黑色八字纹。腹足4对，体形变化大，其上一般有红褐、黑褐和白色纵纹。

蛹：红褐色，体长约20mm。

（2）发生规律　黏虫生理上无滞育现象，条件适宜的情况下，可终年繁殖。在中国一年可发生1~8代，随着纬度的增加，世代逐渐减少。黏虫能够远距离迁飞，春季蛾子开始从南方向北方迁移繁殖。成虫昼伏夜出，对黑黄灯及糖、酒、醋有一定趋性，夜间取食、交配、产卵。适宜条件下，雌蛾每天可产卵

1 000～2 000 粒，多的可达 3 000 粒以上。初孵幼虫分散危害，3 龄后的幼虫具有假死性，5～6 龄食量大增，进入暴食期。老熟幼虫潜入土中筑室化蛹。

（3）为害特点　1～2 龄幼虫多藏于心叶及叶鞘内取食叶肉，遗留表皮，被害处呈半透明条斑。5～6 龄进入暴食期，为害严重时可将玉米叶片吃光，只残留叶脉。一块玉米田吃光后，幼虫会成群结队，迁移到邻近的田块继续为害，造成玉米大面积减产，有的地块甚至绝收。

（4）防治措施　防治黏虫为害应以化学防治为主，同时利用成虫的趋性，进行集中诱杀。

①化学防治　玉米苗期，当田间黏虫幼虫百株量达 20～30 头时，中后期幼虫百株量达 50 头时，应及时喷药防治。2 龄初期，亩用灭幼脲 1 号 1～2g 可起到很好的除治效果。对于 2 龄后幼虫，可用 10%阿维·高氯乳油 1 000 倍，或用 2.5%溴氰菊酯乳油 1 500～2 000 倍液，进行喷雾防治。

②糖、醋诱杀　用红糖 350g、醋 500g、酒 150g，对水 250ml，加 90%敌百虫 15g，调制成糖醋液，洒在草把上，置于田间可诱杀成虫，消灭卵块。

3. 玉米蚜虫　玉米蚜虫俗称蜜虫、腻虫。属同翅目蚜虫科，在中国各玉米种植区均有发生。可为害多种禾本科作物及杂草，玉米全生育期都可受到为害。

（1）识别要点　无翅胎生雌蚜为浅绿色或墨绿色，体长约 2mm 左右。腹管呈暗褐色，体表覆盖一薄层蜡粉。有翅胎生雌蚜头，胸黑色，腹部为深绿色，腹管黑色，体长 1.7mm。

（2）发生规律　玉米蚜每年可繁殖 10～20 代。以成蚜或若蚜在冬小麦和禾本科杂草的心叶及根际处越冬。春玉米出苗后，迁至地上为害。6 月中旬后，雌蚜系列产生第一代蚜虫，虫口密度升高，至大喇叭口期及扬花期，蚜量猛增。植株衰老后，随着气温下降，蚜量减少，产生有翅蚜，飞到寄主上越冬。

（3）为害特点　蚜虫主要为害幼叶、茎秆和雌、雄穗，刺吸液汁，造成减产。苗期受害严重时，导致幼苗生长停滞，甚至枯死。穗期玉米蚜主要集中在雌雄穗及雌穗以上所有叶片、叶鞘上，分泌的蜜露使叶面受到严重污染，影响植株的光合作用。此外，玉米蚜通过吸食汁液，还会传播病毒病。

（4）防治方法

①加强田间管理。玉米蚜虫发生初期，可拔除重蚜株的雄穗并集中进行掩埋，以减少田间危害。

合理施肥、浇水，培育健壮植株，使植株自身增强抵抗能力。

及时铲除杂草，破坏蚜虫滋生的场所。

②药剂防治。可用 10% 吡虫啉可湿性粉剂 1 000 倍液，或用 10% 高效氯氰菊脂 2 500 倍液，进行喷雾防治。

4. 蓟马　蓟马属缨翅目蓟马科，能为害多种禾本科作物和杂草。

（1）识别要点　蓟马体型极小，一般体长为 1～2mm。微小至小型，体长仅 0.5～1.4mm。有两对较狭长的翅，翅缘上具有长缨毛。

（2）发生规律　随着春季玉米萌发出苗，蓟马成虫开始取食为害。成虫、若虫一般为害幼苗心叶、叶鞘或叶片端部卷叶，喜欢生活在郁蔽、潮湿的环境，以爬行、飞翔或流水等方式进行传播。

（3）为害特点　受害叶片，多呈现特殊的银灰斑，受害心叶常扭曲不能正常展开，严重时可造成大批死苗。

（4）防治方法

①农业防治。清除杂草，降低虫口基数。将不能展开的心叶顶端掐断，促使心叶抽出，通过加强水肥管理，使幼苗尽快恢复生长。通过间苗、定苗，及时去除带虫苗，并运出田外。

②化学防治。可用 5% 啶虫脒可湿性粉剂 2 500 倍液或 1.8% 阿维菌素乳油 3 000 倍液，在蓟马发生初期，喷施心叶、叶鞘等部位，隔一周喷施 1 次，连喷 2～3 次，可起到很好的防治效果。

5. 棉铃虫 棉铃虫属鳞翅目夜蛾科，为害多种植物，杂食性害虫。

（1）识别要点 成熟幼虫体色大多呈绿色、黄白色或浅红色，一般体长 30~50mm。头部为黄褐色或其他颜色，腹节长有 12 个刚毛疣，背上有条纹 2 条或 4 条。

（2）发生规律及为害特点 每年可发生 3~7 代，以蛹在土中越冬。1~2 龄幼虫以为害花柱、雄穗及叶片为主；3 龄后幼虫以钻蛀玉米果穗为主，也为害叶片，食量较大，为害较重。

（3）防治方法

①农业措施。冬前采取深翻及冬灌，可以有效降低越冬虫源基数。

②诱杀。在玉米田周边种植胡萝卜、洋葱，诱集棉铃虫成虫，通过喷药，集中灭杀；

利用性诱剂、黑光灯诱杀成虫；将杨树枝捆成小把，引诱棉铃虫成虫产卵，采用焚烧的办法，将卵杀灭。

③生物防治。喷施 100 倍液的 Bt 乳剂。

棉铃虫产卵盛期时，人工释放赤眼蜂。

④药剂防治。幼虫 3 龄前，可用 50% 辛硫磷乳油 1 000 倍液，进行喷施。

6. 蝼蛄 蝼蛄别名拉拉蛄，属直翅目蝼蛄科，分华北蝼蛄、东方蝼蛄等。

（1）识别要点 蝼蛄为不完全变态。一生分为三个阶段，即成虫、卵和若虫。

成虫：华北蝼蛄黑褐色，体长 40~45mm，前足发达，腿节片状，下缘弯曲。东方蝼蛄淡黄褐色，体长 30~35mm，前足也很发达，腿节片状，下缘平直。全身密布小茸毛，雌虫体长略小于雄虫。

若虫：与成虫相似。

卵：长 3mm 左右，椭圆形，初产时为乳白色，后逐渐变为黄褐色，直至黑色。

（2）发生规律　华北蝼蛄一般 2～3 年 1 代，东北蝼蛄 1～2 年 1 代，均以成虫和若虫在土里越冬。翌年 3、4 月气温上升即开始移到地表取食。喜温暖湿润、低洼盐碱及腐殖质含量丰富的地块。一般昼伏夜出，如果气温合适，白天也可出来活动。6～7 月为产卵盛期，一只虫一生可产卵 100～800 粒。经 20d 左右卵孵化为若虫，以若虫越冬。成虫具有趋光和趋化性。

（3）为害特点　蝼蛄食性很杂，以成虫、若虫咬食各种作物的种子、幼苗以及幼苗的根和茎，被害处常呈乱麻线状，为害严重的幼苗干枯死亡。蝼蛄在地表层爬行产生的遂道，常使种子或幼苗架空，因缺水造成种子不能正常萌发，幼苗干枯死亡。

（4）防治方法

①深耕翻地　蝼蛄为害严重的地块，在玉米收获后，采用大水漫灌，迫使土层深处的成虫或若虫向上迁移之后，及时进行深耕翻，将害虫翻到土表冻死。注意要施用腐熟的有机肥料。

②毒饵诱杀　可用毒死蜱、辛硫磷等，与炒香的麦麸、豆饼混合制成毒饵，撒于田间进行诱杀。

③灯光诱杀　可于晚间选无风天气，在田边、地头利用灯光诱杀。

④药剂防治　可用 50% 辛硫磷乳油以种子量的 0.3% 拌种，或按药土比 1：200 拌毒土，进行土壤处理。

7. 地老虎　地老虎又名土蚕，属鳞翅目夜蛾科。地老虎种类很多，其中常见的产生为害的有小地老虎和黄地老虎。以幼虫为害寄主的幼苗、幼茎及嫩叶等。

（1）识别要点　地老虎一生分为卵、幼虫、蛹、和成虫四个阶段。

成虫：小地老虎成虫体长 16～23mm，体翅暗褐色，展翅 42～54mm，前翅有一对肾形斑，肾形斑外侧有一尖三角形的楔形黑斑，在亚缘线上有 2 个尖端向内的楔形黑斑。黄地老虎比小地老虎体形略小，体长 14～19mm，体翅黄褐色，展翅 32～43mm，前翅肾形、环形及棒形斑明显，无楔形黑斑，各横线不明显。

卵：小地老虎卵黄褐色，扁圆形，有明显纵棱。黄地老虎卵半球形，卵壳表面有纵脊纹 16～20 条。

幼虫：小地老虎幼虫体长 37～47mm，黑褐色，腹背各节有 4 个毛片，前两个比后两个小，体表较粗糙，其上布满大小不等的颗粒。黄地老虎老熟幼虫体长 33～43mm，黄褐色，腹节背面有前后各 2 个大小相似的毛片。

蛹：小地老虎蛹体长 18～24mm，红褐色，腹部末端有一对臀刺。黄地老虎蛹体长 15～20mm，腹部 5～7 节密布小而多的刻点。

（2）发生规律及为害特点　地老虎成虫昼伏夜出，具有趋光、趋化性，对黑光灯趋性强。喜食发酵而有酸甜气味的液体，以取食花蜜、发酵液为食。成虫主要将卵散产于灰菜、刺菜、酸模叶蓼等杂草幼苗的叶背或嫩茎上，雌虫每天可产卵 900 粒左右。幼虫共 6 龄，各龄幼虫的生活习性与为害特点存在着差异，其中，1～2 龄虫昼夜活动，啃食心叶及幼嫩叶片，将叶片咬成小孔洞，3 龄后进入暴食期，昼伏夜出，咬断幼苗的茎基部，把被害苗拖入洞中啃食，造成田间缺苗断垄。幼虫期 40d 左右，幼虫老熟后潜入地下化蛹。在华北，小地老虎和黄地老虎每年可发生 3～4 代，其中以第一代数量最多、为害最重，主要为害春播作物幼苗。

（3）防治方法

①清除杂草　玉米出苗前及时清除杂草，可降低虫口基数，同时还能有效减少幼虫早期的食物来源。

②拌种　可用 50% 辛硫磷乳油，按种子量的 0.5%～1% 拌种，可起到很好的防治效。

③诱杀　在成虫盛发期，可利用黑光灯或调制糖醋液诱杀。糖醋液可按红糖 0.75g、醋 250g、酒 100g、清水 0.5kg、敌百虫少许进行调配。于傍晚将调配好的糖醋液倒入盆中，置于田间诱杀。

④喷药防治　对于 3 龄以前的幼虫，可用 48％的毒死蜱乳油或 50％辛硫磷乳油 800 倍液，进行喷雾防治。

⑤毒饵　4 龄以上的幼虫，具有很强的抗药性，可用毒死蜱、辛硫磷等制成毒饵，撒于田间进行诱杀。

8. 蛴螬　蛴螬为鞘翅目金龟甲总科幼虫的统称，是玉米地下害虫中分布范围最广、种类最多且为害较重的一大类群，常见约有 30 多种。其中大黑鳃金龟、暗黑鳃金龟对玉米为害最重。蛴螬食性很杂，可为害多种作物、蔬菜、果树等。

（1）识别要点　蛴螬体色为白色或黄白色，体型肥大，常弯曲成 C 形，头部黄褐色，腹部肥胖肿胀。

（2）发生规律　因品种而异，一般一年或多年发生 1 代。以成虫或幼虫在土层中越冬，翌年随着气温升高，开始活动为害。幼虫喜疏松潮湿的土壤环境，从卵开始孵化到羽化为成虫，都是在土层中完成的。幼虫可在春、秋两季进行为害，为害盛期为 5 月下旬至 6 月初。成虫具有趋粪性和假死性，大多以为害林木叶片为主，一般产卵于潮湿的地块。幼虫三龄后食量大增，开始进入暴食期。一般黏土地、背风向阳的坡岗地及施用未腐熟有机肥的地块，虫口密度较大。

（3）为害特点　主要咬食开始萌发的种子及幼苗嫩根，造成植株生长缓慢，发育停滞，严重的将导致地上部植株萎蔫黄化，甚至死亡。咬食后的伤口易感染病菌，诱发病害。

（4）防治措施

①农业防治　采取大面积耕作，施用腐熟厩肥，以降低虫口数量。合理灌溉，迫使蛴螬移向土层深处，减少对幼苗的伤害。

②物理防治　可采用频振式杀虫灯或黑光灯，诱杀成虫。

③化学防治　可用 50％辛硫磷乳油，按种子量的 0.5％～1％进行拌种。还可用 50％辛硫磷乳油或 48％毒死蜱乳油灌根。

9. 金针虫　金针虫属鞘翅目叩头甲科，是玉米田普遍发生的一种重要地下害虫。

（1）识别要点　金针虫种类很多，有沟金针虫和细胸金针虫等。金针虫一生分为卵、幼虫、蛹、成虫4个阶段。

卵：近椭圆形，乳白色，长0.7mm，宽0.6mm。

幼虫：长沟金针虫幼虫黄色，体表有黄色细毛，尾部黄褐色，稍向上弯曲，末端有两个分叉。细胸金针虫体形为细长圆筒形，体表坚硬，蜡黄色，有光泽。头部扁平，深褐色口器。尾部圆锥形，近基部两侧有4条褐色纵纹和1个褐色圆斑，顶端有一圆形突起。

成虫：棕色，体表有黄色细毛。雄成虫体长8.08mm，宽2.17mm。触角超过前胸背板后缘，前胸背板后缘角上有不明显的隆起线。前胸背板与翅鞘为褐色。雌成虫体长9.04mm，宽2.57mm，稍大于雄虫。触角刚到前胸背板后缘，前胸背板后缘角隆起线明显，前胸背板为暗褐色，翅鞘为黄褐色。

蛹　裸蛹细长，长纺锤形，黄褐色，体长似成虫，蛹化于土中。

（2）发生规律　金针虫一般3~5年完成1代。以幼虫或成虫在地下越冬或越夏。每年4~6月、10~11月为活动盛期，常在土壤表层取食为害，一般春玉米幼苗受害重。土壤潮湿、有机质含量高以及杂草丛生的地块，虫口密度较大。

（3）为害特点　金针虫幼虫长期生活于土壤中，咬食种子、幼芽及幼苗根系，导致幼苗萎蔫死亡。受害幼苗主根一般被咬成丝状。成虫地上部分活动时间很短，只能吃少量绿叶，对作物生长影响不大。

（4）防治方法

①农业防治　在玉米幼苗期及收获后及时清除田间杂草，可降低幼虫和卵的数量。冬季进行深耕翻，通过破坏幼虫和成虫的越冬环境，达到压低虫口密度的目的。

②化学防治　药剂拌种可用50%辛硫酸乳油以种子重量的0.3%用量，稀释20倍后拌种。

田间撒施毒土　用50%辛硫酸乳油，按1：200的比例拌毒土，撒施于田间，然后进行翻耕。

10. 玉米耕葵粉蚧 玉米耕葵粉蚧，是近年来新发生的一种害虫，重点为害小麦、玉米、高粱、谷子等禾本科作物的根和茎。

（1）识别要点 玉米耕葵粉蚧属同翅目粉蚧科。一生分为卵、若虫、蛹、成虫。

卵：卵长0.49mm，长椭圆形，最初为橘黄色，孵化前呈浅褐色，卵囊为白色棉絮状物。

若虫：若虫共2龄，1龄若虫体长为0.61mm，体表无蜡粉；2龄若虫体长0.89mm，触角共7节，体表呈现白色蜡粉。

蛹：蛹黄褐色，有明显的触角、足、翅，体长1.15mm。

成虫：玉米耕葵粉蚧雌成虫为红褐色长椭圆形，两侧缘近平行，体扁平，长3.0~4.2mm，宽1.14~2.1mm，眼发达而突出呈椭圆形。足发达，共有8节触角。体表覆盖一层白色蜡粉。雄成虫呈深黄褐色，体形较小，前翅白色透明，长0.83mm，后翅则退化为平衡棒，口器退化，有3对紫褐色的眼，10节触角，以及3对发达的胸足。

（2）发生规律 一年可发生3代，以第二代为害为主。雌成虫将卵产于土壤中植株的残体或根茬上越冬，次年4月中下旬开始孵化，半月后孵化出的若虫爬出卵囊，寻找寄主进行为害。1龄幼虫因体表无蜡粉，活动范围大，为防治最佳时期。

（3）为害特点 以雌成虫及若虫成群为害为主。一般刺吸玉米幼苗的根茎基部汁液，造成根茎畸形，根尖及茎基部腐烂。受害株茎秆细弱，生长缓慢，严重的茎叶发黄、干枯，甚至全株枯死。

（4）防治方法

①农业防治 轮作倒茬。一般小麦—玉米两熟制的地块，虫量大、虫口密度高，为害较严重。在玉米耕葵粉蚧发生重的地块，合理调整种植结构，采取禾本科作物与棉花、大豆、花生、甘薯等作物轮作倒茬，破坏该虫的生存环境，降低虫源基数。

加强栽培管理。深翻灭茬，清除田间杂草，加强水肥管理，提高植株抗逆性。玉米收获后，将玉米根茬带出田外销毁，冬季麦田浇封冻水，可杀死大量越冬卵。

②化学防治　可选用48%乐斯本乳油或40%辛硫磷乳油1 000倍液灌根。还可用1.8%阿维菌素3 000倍液、10%吡虫啉2 000倍液，重点喷玉米下部叶鞘处和茎基部，并使药液渗到玉米根茎部

七、覆盖栽培

覆盖栽培是指地表覆盖一些物质，用于保护土壤环境或改善土壤结构的一项栽培技术。主要是针对北方干旱地区降水储蓄率低或土壤蒸发量大，而实施的一项农田保水、提墒、调温的有效栽培措施。

（一）覆盖栽培的作用

1. 调节土壤温度　覆盖栽培可在地表阻断土壤与大气的热量交换，可以减缓土壤热量向大气中散失。同时，覆盖物还可以有效反射长波辐射，起到低温时增温，高温时降温的作用，可有效缓解温度剧变对玉米造成的伤害，为玉米正常生长发育创造良好的土壤环境。

2. 蓄水保墒，提高水分利用率　覆盖栽培可有效降低土壤水分蒸发，促进水分向横向运输，提高土壤水分利用率。同时，覆盖物还可有效阻挡降水对地表造成的冲击，防止水土流失，减少地表径流，增加入渗率，起到蓄水保墒作用。

3. 提高土壤养分利用率　覆盖栽培为微生物创造了适宜繁殖的有利环境，加快了土壤中有机物质的矿化过程，使有机质得以充分快速分解，有效改善了土壤理化性状，增加了土壤中速效养分含量，提高了土壤养分利用效率，可以为玉米正常生长发育提供充足的养分供应。

4. 改良土壤结构，抵制杂草生长　覆盖栽培可避免雨水冲刷

造成土壤板结，防止表土硬结龟裂，使土壤保持良好的土层结构。此外，由于覆盖物遮挡了部分太阳光，使杂草种子萌发及杂草生长受到很大影响，对杂草萌发、生长起到了一定的抑制作用。

（二）覆盖栽培形式

覆盖栽培形式包括秸秆覆盖、厩肥覆盖、灰分覆盖、塑料薄膜覆盖等。其中，秸秆覆盖是利用植物秸秆，覆盖于土壤表面的一种栽培技术，是保护性耕作措施中沿用时间最长，应用最为广泛的一种覆盖方式。秸秆覆盖一方面可有效避免土壤水分的蒸发损耗，保蓄土壤水分，起到保墒的作用。另一方面可有效接纳雨水，减少径流损失。同时，还可避免土壤直接被雨水冲刷侵蚀以及风蚀。此外，秸秆覆盖还有效解决了玉米秸秆的再利用问题，避免了秸秆焚烧带来的资源浪费以及环境污染。

（三）秸秆覆盖栽培技术

1. 半耕整秆半覆盖 前茬玉米收获后，将玉米秸秆硬茬顺行覆盖，盖67 cm，空67 cm，将下一排压在上一排顶尖上，在两排秸秆交汇处，每隔1 m压上适量的土，以防秸秆被风吹走。翌年春季在没有覆盖秸秆的空行进行耕作、施肥、播种。玉米生长期间在未进行秸秆覆盖的空行，进行中耕、追肥。玉米收获后，再将收获的秸秆覆盖于空行之上。

2. 全耕整秆半覆盖 前茬玉米收获后，先将秸秆收放于地边，耕翻耙耢后，再将秸秆覆盖于地表，其他栽培要点同半耕整秆半覆盖。

3. 免耕整秆覆盖 前茬玉米收获后，不进行耕翻灭茬，直接利用玉米秸秆将地表全部覆盖。翌年春季，将播种行上的秸秆移走，在空行内进行耕作、施肥、播种，田间管理同半耕整秆半覆盖。

4. 短秸秆覆盖 把上茬收获后的玉米秸秆，切割成长度

8cm 左右的短秸秆，在玉米拔节期，将秸秆均匀撒盖于玉米行间，其他田间管理同普通玉米栽培。

5. 留茬覆盖 适用于土壤风蚀严重，农作物秸秆有其他用途的地区。在上茬玉米成熟后，进行高茬收割，不耕翻土地，翌年春季耕作时，将玉米茬直接翻埋于土中，栽培管理同普通玉米生产。

6. 地膜、秸秆二元覆盖 地膜、秸秆二元覆盖技术，主要针对中国北方地区农业生产中存在的旱、寒、薄三大问题，而研究出的一项综合配套栽培技术。地膜、秸秆二元覆盖技术，具有地膜、秸秆双重覆盖效应，在秸秆覆盖的基础上加盖地膜，不仅能保墒、增温、提高微生物活性，还可加速秸秆腐烂。它有效解决了粮食生产中存在的地膜覆盖过度消耗地力，秸秆覆盖造成地温下降等一系列问题，是一项集中地膜、秸秆覆盖栽培优点于一身的先进生产技术。主要有两种形式：一是二元单覆盖。即以幅宽133cm 作为一带，秋季上茬玉米收获后，将秸秆顺行铺盖成66.5cm 宽，等来年春季耕翻时，在空当起垄覆盖地膜，膜上播种两行玉米；二是，地膜二元相结合进行覆盖。即秋季上茬玉米收获后，开 40cm 宽、深 25cm 左右的沟，将玉米秸秆均匀铺放在沟底，将沟填土、起垄，形成垄与空行各为一半的垄带。翌年春季玉米播种前，在垄上施肥、覆膜。播种时，于膜上两侧打孔种植两行玉米，行距 50cm。秋季玉米收获后，换行进行覆盖。

八、适期收获

种植青贮玉米既要求理想的生物产量，又要有良好的饲用品质。早收影响生物产量，若待籽粒完熟，也会影响秸秆产量和饲用品质。所以，适期收获也是青贮玉米栽培的重要环节。

（一）青贮玉米收获标准

青贮玉米植株青绿，空秆率低于 10%，单株青贮玉米水分含量介于65%~75%，干物质含量为28%~35%。

（二）青贮玉米最适收获时期

适宜收获时期的确定，是影响青贮玉米产量和营养品质的关键因素之一，是生产优质青贮饲料的基础条件。青贮玉米营养价值的高低在于其所含营养成分的多少，其营养成分主要包括粗蛋白、粗脂肪、粗纤维、粗灰分以及无氮浸出物等。收获期对青贮玉米中营养成分含量有很大影响。如果青贮收获过早，干物质积累就会减少，且含水率较高，不利于青贮。收获过晚则营养成分又会损失过多，影响饲料品质。

张瑞霞等（2006）试验结果表明，呼和浩特地区适宜青贮玉米的收获时期为乳熟中后期，此时植株可消化养分多，营养物质含量高，且植株木质素含量和含水率均较低，有利于提高青贮质量。

张亚龙（2007）研究表明，青贮玉米植株粗蛋白、粗纤维含量，随着收获期的推后，而呈现出递减的趋势，粗脂肪变化不明显。但它们的积累量与干物质量表现为正相关，均呈现出递增趋势。通过对干物质产量和营养物质含量进行综合分析，显示在黑龙江省东北部地区，适宜青贮玉米的收获期，为授粉后40~50d，个别晚熟品种收获期可适当推迟。

青贮玉米的收获适期应在含水量为61%~68%时，一般处在半乳线至1/4乳线阶段（张劲柏，2003）。大多数青贮作物原料应以含水达65%~75%时，收获效果最好。水分过多，就会造成可溶性氨化物和糖类的大量流失，而此类物质是青贮玉米可消化能量的重要来源（自元生，1999）。付忠军等（2014）研究认为，在重庆等西南地区，青贮玉米生长后期高温伏旱，收获期可适当提前。

综合各地经验，青贮玉米最佳收获期应该在乳熟末期至蜡熟期，即籽粒剖面呈现蜂蜡状，乳浆汁液消失，籽粒还未变硬时。俗话说："乳熟早，枯熟迟，蜡熟正当时"。通常在生产中采用

"大拇指测定法" 测定青贮玉米适宜收获期，即拨开果穗苞叶，用大拇指甲掐玉米果穗中间籽粒，以籽粒饱满并有少量乳汁渗出时为青贮玉米最佳收获期。达到适宜收获期的青贮玉米，应在10d 内全部收获完毕。

（三）青贮玉米收获时留茬高度

青贮玉米收获时留茬不宜过低。虽然留茬高度降低，可提高青贮产量，但同时也影响了青贮质量。研究表明，青贮玉米下部茎秆养分含量极少，并带有大量的酵母菌、霉菌以及污垢，青贮过程中会在一定程度上降低饲料品质，影响牲畜健康及肉类品质。青贮玉米最佳留茬高度应高于地面 15cm 左右。

第三章

青贮玉米的利用

第一节
制作青贮饲料

青贮是加工和贮藏青饲料的有效方法，也是发展畜牧业生产切实可行的有力措施。近年来，国家农业部把青贮列为重点推广的十项实用技术之一，推广初见成效。青贮的规模可大可小，既适用于大中小型牧场、养殖场，亦适用于畜禽饲养专业户和一般农户。青贮法技术简单，方便推行。国内有大量的可供青贮的农作物秸秆，特别是青贮玉米的发展，为畜牧业提供了主要的饲料源。

一、青贮饲料的制作程序

（一）青贮玉米的选择

对牛羊等反刍动物而言，玉米饲用转化增值最高的途径就是青贮专用玉米。它具有生物产量高、营养价值高、适口性好、易种、易收等优点。饲料玉米按照品种划分有3大类。

1. 青贮专用玉米　是指全株（包含茎、叶、果穗）用于青贮的玉米。其综合利用价值最高，即可利用的生物产量高，营养价值高。另据测定，在相同单位面积耕地上，所产的全株玉米青贮饲料的营养价值比所产的玉米籽粒加干玉米秸秆的营养高30%~50%。这类品种适用于各大、中、小型反刍动物养殖场。尤以奶牛、肉牛、羊、鹿等养殖场、养殖小区最为适宜。一般株高3.5~4.0m。

2. 粮饲兼用玉米　是指果穗成熟采收后，秸秆的保绿度仍很好，且饲料价值较高的玉米品种。这类品种的特点是经济价值较高，它在不影响果穗收获的前提下，进行秸秆再次加工利用成为青贮饲料。这类品种适用于中、小型反刍动物养殖场。它是以收果穗为主，而秸秆兼做饲料，所以这种青贮饲料的营养价值较专用型的要差很多。一般株高2.8～3.2m。

3. **通用玉米** 既与兼用玉米相近，又有别于兼用玉米。其特点是以收籽粒为主，秸秆饲用为次，二者同时利用，称为兼用。通用玉米是既可作为丰产型的粒用玉米种植，又可作为全株青贮玉米收获，二者选其一。当玉米籽粒达到乳熟后期至蜡熟初期时，可根据市场青贮饲料的行情及秋后玉米价格的预测，对两种情况的收入进行比较，及时作出抉择；或收全株玉米作青贮饲料，或待籽粒完熟后收获玉米。这类品种的特点是植株繁茂、耐密植，籽粒产量也较高。它具有经济效益高、风险小、可选择性强等特点，深受广大种植户的欢迎。一般株高3.0～3.5m。

（二）青贮玉米秸饲料的制作

1. **青贮原理** 青贮是利用乳酸菌对原料进行厌氧发酵，产生乳酸，使酸度降到pH值3.8～4.0，以达到酸化的目的。

2. **青贮原料** 乳熟而茎叶尚青绿期的玉米秸。

3. **调制方法**

（1）适时收割 全株玉米的含水量在65%～70%时制作的玉米青贮质量为佳。含水范围内的玉米制作的青贮也非常适合长期保存。玉米籽实胚线可用作确定何时收割用于制作青贮的指示器。当玉米籽实胚线处在1/2～2/3时收割，玉米的含水量为60%～70%，可回收的干物质量最多，制作的玉米青贮质量最佳。

（2）切短压紧 原料要切短压紧。切短的目的是便于压实、方便取用以及便于牛羊采食。对于质地粗硬的原料尤其重要，通常切成2～3cm的短截。装入时每层30～50cm，逐层踏实，尤其要注意四壁及棱角部位原料的压紧。大型青贮壕可用拖拉机反复碾压。

（3）快填　装填前先在窖（池）底辅上30cm厚的垫草，然后将切短的玉米秸迅速装入窖（池）内。装填时应边装边踩实，尤其对窖（池）的四周更应注意踏实压紧。窖（池）装满后应再继续装填，使原料高出窖（池）沿60cm，然后用塑料薄膜封窖（池），这样原料塌陷后，便于窖（池）口基本一样高，可充分利用窖（池）的容积。在调制青贮料的过程中，快填可以缩短原料在空气中暴露的时间。若装窖时间过长，除因植物细胞呼吸作用而使营养物质损失外，也会由于呼吸作用而使温度上升，引起杂菌繁殖，致使青贮料品质下降。

装填青贮原料要快捷迅速，装填时间越短，青贮质量越好。最好是当天完成封顶，最长不宜超过2d。原料装入圆形青贮设备时，要一层一层均匀铺平；如为青贮壕，可酌情分段依次装填。

（4）封严窖（池）　不论青贮容器是何种样式，青贮原料装完后就得及时封闭，隔绝空气。当装入原料高出窖口60~80cm时，立即修整为馒头形，可先盖上1层20~30cm的软草，再覆盖塑料薄膜，然后马上压土封窖。覆盖薄膜和压土时，应从一侧开始逐渐向另一侧延伸，以排尽空气。压土不宜少于30cm，并且必须高出四周地面，表面拍打坚实光滑，防止雨水灌入。贮期内还要经常检查，如因原料下沉而产生裂缝，必须及时填平、补严。制作青贮料要做到"六随三要"即随收、随运、随铡、随装、随踏、随封，要铡短、要压紧、要封严。入窖密封后7~10d青贮饲料下沉幅度较大，压土易出现裂缝，发现后要随时封严。密封后须经常检查，如发现漏气要及时修补，并注意防止渗水。

（5）密封后管理　青贮池防水是青贮管理很重要的环节，青贮池里一旦进水，将影响青贮料的质量，严重者将引起整窖青贮料腐烂变质，造成严重的经济损失。防水除了上面介绍的方法之外，也可根据实际条件，利用废旧石棉瓦或塑料薄膜在青贮池上方搭建遮雨棚，防止雨水落入青贮池内。东北有的地方在料库内建造青贮池，不仅防水，而且可以避免青贮料受冻结冰。

除了防水之外，还需要注意防鼠，尤其是没有硬化的青贮壕、青贮窖（池）、袋式青贮等易遭到鼠类的侵害，鼠类一旦在青贮窖（池）上打穴做窝，空气就会进入窖内，引起青贮玉米秆腐烂变质，并逐渐蔓延，造成巨大损失。所以，一定要防治鼠害。

二、青贮设施及种类

青贮的设施一般有青贮窖、青贮塔、青贮壕（沟）、青贮堆等。

调制青贮玉米秸饲料的设备主要是青贮窖（池），按位置分为地下式、半地下式和地上式 3 种。地下式适用于水位较低、土质坚硬的地方，后两种适用于水位较高的地方。窖（池）形一般是原料多时挖（或砌）长形窖（池），否则用圆形窖。

（一）青贮窖址的选择

青贮窖应选择在地势较高、向阳、干燥、土质较坚实，地下水位低的地方，切忌在低洼处或树阴下挖窖。同时，要避开交通要道、粪场、垃圾堆等，同时又要求距牛舍较近，并且四周要有一定空地，便于运送原料。

（二）青贮窖的形状与大小

根据地形、贮量、每天需草数量，铡草设备的效率等来决定青贮窖的形状与大小。如果铡草设备效率高、每天用草量又大，则采用长方形的壕为好，一般宽为 1.5 ~2.0m（上口为 2.0m，下口为 1.5m），深2.5 ~3.0m，长度决定于原料的数量。

青贮窖的容积，要根据原料种类及每立方米的容重而定。铡得较碎的青贮料制作时的容重为 450 ~500kg/m^3，利用时的容重为 500 ~600kg/m^3；铡的较粗的青贮料制作时的容重为 450 ~500kg/m^3，利用时的容重为 450 ~550kg/m^3。

贮存容量的计算因窖形不同，公式各异。

圆筒形窖：贮存量（kg）＝半径 2 × 3.14 ×深度×青贮容重。

长方形窖：贮存量（kg）＝长度×宽度×深度×青贮容重。

倒梯形窖：贮存量（kg）＝［（上底宽＋下低宽）/2］×深度×长度×青贮容重。

（三）青贮设施类型

1. 青贮壕　青贮壕是水平坑道式结构，适于短期大量保存青贮饲料。青贮壕有地下式和半地下式两种。实践中多采用地下式，以长方形的青贮壕为宜。青贮壕的优点是便于人工或是机具装填压紧和取料，并可从一端开窖取用，对建筑材料要求不高，造价低。缺点是密封性较差，养分损失较多，消耗较多的劳动力。

青贮壕根据使用年限分临时性壕和永久性壕两种，临时性壕多为土壕，挖好后在底面及四周加一层聚乙烯塑料薄膜，使用一年后，第二年需修壕壁才能使用。若长期使用，最好用水泥、砖、石头等修砌成永久性壕。永久性壕虽然一次性投资较大，但可减免每年修挖的麻烦。

2. 青贮窖　青贮窖与青贮壕结构基本相似，分为地下式和半地下式两种。地下式青贮窖其宽与深之比以 1∶（1.5～2）为宜，窖的长度由青贮饲料多少来决定，窖的四周与底部用砖、混凝土砌成。要求青贮窖坚固结实，不漏气，不漏水。青贮窖内部要光滑平坦，使青贮原料摊布均匀，不留间隙。

半地下式青贮窖应选地势较高、地下水位低、地面不易积水的地方建造，深3～4m，上大下小，底部呈弧形，夯实窖壁、窖底，并铺裱塑料薄膜。青贮窖多为长方形窖，大小依据青贮量确定。也可用砌石砌成。

3. 青贮塔　青贮塔是圆筒形的建筑物。圆形耐压性好，便于压实内容物。造价较高，但耐用、贮量大、损耗小，装填与取料的机械自动化程度高。青贮塔有地上式和半地上式两种。依建筑材料可分镀锌钢板、水泥砖板、整体混凝土、硬质塑料等各类青贮塔。按贮量又可分 100m³ 以下的小型青贮塔和 400～600m³ 的大型青贮塔。塔内配置有根据饲料层高度升降的装卸机。装料时，切碎的青贮料从田间运来，由塔旁的吹送机将其吹入塔内，塔内的装卸机以塔心为中心作圆周运动，将饲料层层压实。取料时又能层层挖出青贮饲料，并能通过窗口管道或塔心管道卸入塔外的输送器，直至饲槽。

4. 青贮袋　青贮袋法是把切碎的秸秆通过高压罐装机装入塑料拉伸膜制成的青贮袋里进行密封保存。这种方法简便易行，便于推广，并有利于青贮饲料的商品化。常用的有小型塑料袋青贮和大型塑料袋青贮。

（1）小型塑料袋青贮　目前，国内的塑料袋青贮均属小型塑料袋青贮，制作方法比较简便。首先，选用较厚的双幅塑料薄膜，制作成筒式袋，一般长为 1.5～2m，宽 1m 左右，将含水量为 70% 左右的青贮原料铡碎至 1cm 长，装入袋内。层层压实，袋的四角要填满不留空隙。装满后尽量排尽袋内空气，将袋口倒折一段后用绳扎紧，存放在不受阳光直射的安全之处，应注意经常检查塑料袋，如有破损要立即用塑料胶布粘贴好，防止透入空气和水。此外，在寒冷地区应注意防冻。

（2）大型塑料袋青贮　大型塑料袋青贮是近年来兴起的一项青贮新技术。方法是将适期收获的青贮原料用机器压制紧实，装入黑色的优质塑料袋中，将袋口扎紧，尽量排除空气，保持密封状态。贮存地点选择地势平坦、干燥之处，垛堆要整齐牢靠。注意经常检查塑料袋，及时修补破损处，并防止鼠类啃咬和牲畜践踏破坏。

5. 打捆裹包青贮　打捆裹包青贮也是一种新兴的青贮技术。其原理和技术要点与一般青贮相似，主要用于牧草的青贮。用打捆机将新收获的牧草等青绿茎秆打捆，利用塑料密封发酵而成，含水量控制在 65% 左右。

（1）堆式无袋大草捆青贮　堆式无袋大草捆青贮要比塑料袋大草捆青贮简便、效率高、成本低。方法是大草捆不再逐个装入塑料袋中，而是直接将大草捆堆成垛后用双层塑料布盖严，垂至地面的塑料布用土压严实，保持草垛内的缺氧环境。最后再盖上一个结实的下端坠有重物的网，以保护草垛。这种堆式大草捆青贮适于日喂量较大的大型牧场，因为一经打开就必须在1周内喂完，否则会腐败变坏。

（2）缠裹式草捆青贮　缠裹式草捆青贮饲料的制作是利用青贮草捆包卷机，将青贮用的大圆草捆捆紧，包卷在有弹性的、高拉力的塑料薄膜中，既隔绝空气，又保持水分，每个草捆至少包卷4层塑料膜，便于长途运输，有利于青贮饲料的商品化。

6. 地面青贮　地面青贮有两种形式，一种是在地下水位较高的地方采用砖壁结构的地上青贮。其壁高2~3m，顶部隆起，以免受季节性降水的影响。装填时将饲料逐层压实，顶部用塑料薄膜密封，然后堆垛并在其上压以重物。另一种是堆贮，堆贮选择在地势较高而平坦的地方，先铺盖一层旧塑料薄膜，再铺一块稍大于堆底面积的塑料薄膜，然后堆放青贮原料，逐层压紧，垛顶和四周用完整的塑料薄膜覆盖，四周与垛底的塑料薄膜重叠，用竹竿或木棍做轴卷紧封闭，压上重物，尽量排净空气，塑料膜外面用草帘覆盖保护。

（四）青贮窖建造时的注意事项

青贮窖应于青贮前2~3d建好。若用旧窖（壕），则应事先进行清扫、补平。不管是新窖还是老窖，其四壁要光滑平直，最好抹光或四壁衬以塑料薄膜，四周圆润，无直形棱角。四壁不光滑，易藏有空气，引起原料霉烂。长形青贮窖（壕）最好南北走向，池底南头略低于北头，从南头开始取料，可防止雨水浸入。需要指出的是部分养殖场为方便取料，在窖的一侧修筑台阶，因台阶部位原料较难踏实，极易导致腐烂变质，所以这种做法极不科学。

　　青贮设施的宽度或直径一般应小于深度，宽、深之比一般以1∶1.2或1∶2为宜，以利于青贮料借助本身重力而压得紧实。地上式的青贮塔，在冬天要采取塔身外的防冻措施，以防塔内青贮料结冰受冻。

第二节
青贮饲料的饲喂效果

一、青贮饲料的营养价值

　　近年来，随着畜牧业的发展，玉米秸秆作为反刍动物粗饲料的主要供应来源，在青贮原料中占有极其重要的地位。推广青贮饲料可节约饲料用粮，缓解人畜争粮的矛盾；同时，其营养物质得到最大限度地保留，不仅可作为牲畜的好饲料、缓解冬季养畜饲料紧缺，而且减少资源浪费，变资源优势为经济优势，从而为发展节粮型畜牧业提供饲料保障。

（一）青贮饲料的营养成分

　　青贮饲料能保存青绿饲料的原有浆汁和养分，其营养成分损失一般不超过15%，而在制作干草的自然风干过程中，由于干草调制过程中叶片脱落及植物细胞并未立即死亡，仍在继续呼吸，需要消耗和分解营养物质，仅在风干过程中其营养损失30%左右，如果在风干过程中，遇到雨淋或发霉变质，则损失将达到50%左右。陆伊奇（2000）对青贮玉米秸与干玉米秸营养成分进行了分析（表3 –1），表明玉米秸秆青贮保存了营养成分，减少了营养损失，提高了饲用价值。

青贮玉米栽培

表3-1　青贮玉米秸与干玉米秸营养成分分析（陆伊奇，2000）

样品名称 Sample name	吸附水% Absorbed water	灰分/% Ash	粗蛋白/% Crude Protein	粗脂肪/% Crude Fat	粗纤维/% Crude Fiber	无氮浸出物/% Nitrogen-free extract	钙/% Ca	全磷/% Total phosphorus
青贮玉米秸 Silage corn stalks	6.95	10.25	9.56	6.83	34.52	31.89	0.18	0.322
干玉米秸 Dry corn stalks	7.61	10.59	8.34	2.55	38.92	31.39	0.34	0.309

注：吸附水是以半干物为基础，其余以绝干物为基础。

Note：Absorbed water is based on semi-dry matter, the rest are based on dry matter.

　　青贮饲料营养价值除体现在养分含量高以外还体现在反刍动物对其的消化代谢、瘤胃降解水平方面。研究表明，青贮饲料比同类青饲料直接利用或制成干草的消化率要高，其能量、蛋白质消化率也高于同类干草产品，并且青贮饲料干物质中的可消化粗蛋白质、总养分和能量含量也较高，经过青贮发酵后青贮饲料细胞壁成分消化率也会明显提高。祁宏伟等（2001）采用完全随机化的试验设计，利用3头24月龄体重400kg左右，安装有永久性瘤胃瘘管的西门塔尔杂种阉公牛，用瘤胃尼龙袋技术测定了不同收获期玉米秸秆及其相应青贮共8种饲料的干物质瘤胃降解率变化特性，结果表明，同期相比秸秆在青贮条件下，其干物质有效降解率均高于未处理秸秆（表3-2）。

表3-2　不同收获期玉米秸秆及其青贮料的干物质瘤胃降解率
（祁宏伟等，2001）

饲料 Feed	快速降解的干物质（a）Rapid degradation of dry matter	慢速降解的干物质（b）Slow degradation of dry matter	b降解速率（c）b degradation rate	有效降解率（p）Effective degradation rate
秸秆1期 Straw 1	15.1500	40.7439	0.03921	40.5776

（续表）

饲料 Feed	快速降解的 干物质（a） Rapid degradation of dry matter	慢速降解的 干物质（b） Slow degradation of dry matter	b 降解速率 （c） b degradation rate	有效降解率 （p） Effective degradation rate
秸秆 2 期 Straw 2	11.532 8	47.352 2	0.035 96	40.104 2
桔秆 3 期 Straw 3	13.813 6	62.482 9	0.022 56	44.312 2
秸秆 4 期 Sraw 4	10.996 7	55.302 1	0.019 08	35.708 4
青贮 1 期 Silage 1	15.433 4	48.022 8	0.045 15	46.963 1
青贮 2 期 Silage 2	11.244 4	55.400 3	0.029 22	48.449 3
青贮 3 期 Silage 3	18.683 9	37.294 1	0.058 58	45.229 4
青贮 4 期 Silage 4	29.781 8	70.218 2	0.008 55	41.881 1

（二）影响青贮饲料营养价值的因素

加工调制因素（原料水分、含糖量、缓冲力、发酵温度、厌氧情况等）是影响青贮饲料营养价值高低的关键。同样的原料在不同的加工调制条件下会获得不同的营养水平，发酵良好的青贮饲料可产生大量有机酸（乳酸、醋酸、琥珀酸等），具酸香味，柔软多汁，适口性好，增加采食量，从而提高了家畜的生产性能；相反，在不利的条件下，如水分过多或过低都会影响发酵过程和青贮的品质。水分过多，容易造成腐烂，而且渗出液多，养分损失大；水分过低，将会直接抑制微生物发酵，而且由于空气难以排净，易引起霉变。又如秸秆的铡细程度可直接影响青贮的厌氧效果。王安奎（2005）研究了不同铡细长度（0.5cm、1.0cm、3.0cm、5.0cm）对青贮制成率和营养成分的影响。结果表明：玉米秸秆制作地面青贮，其制成率受玉米秸秆铡细长度的影响，铡细长度为0.5cm时制成率最高为96.3%，铡细长度为5.0cm时青贮品质最差。青贮窖温的变化主要受封窖时基础窖温和好气性发酵阶段（发酵升温阶段）的影响，封窖时基础窖温过高（超过38℃）或压紧封严不够，往往形成适合丁酸发酵的高温青贮，营养物质损失严重。

青贮饲料的营养价值还受原料品种、籽实的成熟程度、叶与秆中的粗蛋白质含量、收获期等因素的影响。青绿饲料一般随着生长和成熟，茎叶会逐渐变粗变硬，其所含营养成分也随之下降。孙小凡等（2003）以两个燕麦品种、两个小麦品种为材料，比较了麦类作物不同生长期的青贮草产量、青贮草粗蛋白产量和青贮品质、营养成分等。结果表明，麦类作物不同生长期的各项指标存在极显著差异，麦类作物粗蛋白含量随生长期的延长而递减，但不影响青贮粗蛋白总产量的增加，粗纤维含量随生长期的延长而递增。可见，各种青贮原料要注重适期收割。一般而言，豆科牧草及野草宜在花蕾期至盛花期收割，禾本科牧草及麦类在孕穗至抽穗初期收割；带穗玉米最佳收割期是在乳熟后期至蜡熟前期，如青贮玉米秸秆以保留1/2的绿叶时最好；高粱则在乳熟后期收割为好；红薯藤在下霜前或收薯前1~2d收割；各种树的嫩枝、枝叶可在落叶前收获青贮，这样才能保证青贮饲料品质的优良。

另外，要注意青贮过程中原料的二次发酵问题。发生青贮饲料二次发酵的原因是封闭中无氧状态下的青贮饲料接触空气后好氧性细菌活动繁殖造成，特别是夏季高温时，品质较好的青贮饲料易发生二次发酵，出现二次发酵后，青贮饲料的糖分可损失10%~24%，若有大量的霉菌活动而发生霉变或产生亚硝酸盐喂奶牛后，对奶牛会有一定程度的危害或出现不良后果，因此要注意对发酵后青贮饲料的合理开启与使用。

二、青贮饲料的饲喂效果

青贮玉米饲料有效保存了青绿饲料的营养成分，保持了青绿饲料的适口性，降低了饲草的致病性，易于反刍家畜消化吸收，提高繁殖率、增重速度、泌乳力；同时，可做常年供给饲料，是牲畜养殖的优质饲料。目前，已经被广泛应用于牛、羊等养殖生产中。

（一）青贮饲料在养羊中的应用

在肉羊生产中，饲料营养是重要因素之一，通常占总成本的60%~70%，特别是冬春季节由于饲料原料种类单调，营养失调对羊群健康水平和个体生长发育均产生重要影响，适当补饲青贮饲料是解决问题的重要途径之一。将30只杂交一代肉羊（南江黄羊公羊与本地母羊），按体重、性别、月龄相近的原则随机分为两组，在自然放牧条件下，试验组补饲青贮饲料，试验期为60d，结果表明，试验组比对照组日增重提高63.80%，差异极显著。用青贮玉米秸秆和风干玉米秸秆相比较育肥山羊，青贮组平均日增重较对照组提高58.35g，育肥60d后前者纯收入高于后者8.12倍。

对于母羊而言，哺乳羔羊需要采食大量的优质饲草来满足其产奶需要，尤其是对青绿饲料、多汁饲料的需求量较大。通常情况，牧草、青绿秸秆、多汁块茎等都可做母羊奶源生产的能量补给，但是，由于难以常年供给、季节性变化较强因素的影响，会对奶羊产奶造成影响。相比较而言，青贮玉米饲料就是一个不错的选择，它既能有青绿饲料所含营养成分，有效增加维生素的供给；又可作常年四季供应，有效缓解冬春饲草紧缺、营养补给不均衡的问题。此外，整株青贮玉米营养丰富、消化率高，对于母羊产奶品质有很大的提升作用。如果选择整株青贮玉米基础配比饲料，可有效增加粗饲料采食量，增强母体体质，提高其抗疾病能力，提升养殖效益。

用青贮饲料喂羊应注意如下问题：

第一，青贮玉米含有大量的有机酸，用量过多可导致母羊轻泻，建议逐渐增加用量，不要一蹴而就，如果出现轻微腹泻症状，应该立即停止饲喂或酌情减量，间隔几日后继续饲喂。

第二，青贮玉米每次用量要始终，取后立即密封，减少与外界空气的接触，避免二次发酵。加强青贮玉米管理，尤其是避免混入水源、泥土、杂物等，保证其洁净卫生。

第三，科学配比，根据草料储备情况，确定青贮玉米饲喂量。

日常饲喂最好搭配优质干草，因为其含有大量的乳酸，喂饲过多容易引起母羊消化代谢障碍，像酸中毒、乳脂率降低等。

第四，用量适中，必要时配合适量添加剂使用。以新疆生产建设兵团第三师 41 团 2013 年饲喂青贮玉米为例，团场大力发展畜牧养殖，大量购入羊只。个别养殖户大量使用全株青贮玉米，怀孕母羊日采食量 2.5～3kg。与未使用青贮玉米相比，母畜死亡率增加 3 倍、流产率增加 5 倍、死胎率增加 4 倍、1 月龄以内羔羊死亡率增加 4 倍。并伴随有 1 月龄左右羔羊发生摆腰病（地方性缺铜）。采取限制怀孕母畜饲喂青贮玉米（500g 只·d）、适量添加小苏打、增加干苜蓿草饲喂量、干苜蓿饲草中添加硫酸铜（喷洒）方法。2 周后情况得以改善。相关发病率大幅度降低，回到正常水平。

（二）青贮饲料在养牛中的应用

随着人们生活水平的提高和膳食结构的改善，人们对肉、奶的需求量逐年提高，使得中国养牛业蓬勃发展。青贮作为一种提高玉米秸秆营养物质转化率的方法，被广大养殖户所接受。

1. 青贮饲料饲喂肉牛　肉牛生产的关键是合理利用廉价饲料资源，降低养殖成本，获得最佳的经济效益。使用青贮饲料饲喂肉牛可提高肉牛的日增重，增强肉牛的生产性能，使养牛的经济效益增加。

6 月龄以上的牛，一般都能较好地采食为成年家畜所制备的青贮料，只有 6 月龄以前的犊牛，才需要为它制备专用青贮饲料。犊牛专用青贮料的原料，须由幼嫩而又富含维生素和可消化蛋白质，并能促进胃肠道发育的植物。这些原料主要有孕蕾期一年生豆科牧草，抽穗初期的禾本科牧草，或者幼嫩的豆科与禾本科混合牧草。

据报道，当生长牛的体重为 300～350kg 时，以青贮玉米秸作为育肥的基础日粮并以适量干草和混合精料等，肉牛日增重可达 1kg 左右。育肥分三个阶段进行，每期一个月，共 90d 即可出栏。在饲料配方中，混合精料可用玉米粉、豆饼和棉籽饼等组成，无机盐可用碳酸钙或磷酸钙。如果当地有糖蜜饲喂，则青贮玉米秸的饲喂量可提高到占日粮干物质的 70%，育肥期可缩短至 80 天。如果精料中的豆饼占 50%，肉牛日增重可达 1.2 千克。另据报道，当生长牛体重达 400kg 时，以青贮玉米秸作为基础口粮，同时补以干草和麦秸进行三阶段的饲养试验，日增重可达 1.2kg。

2. 青贮饲料饲喂奶牛　青贮是奶牛口粮中采食量最大的饲料，其品质的优劣及营养价值的高低是影响奶牛生产性能、牛奶品质和饲养成本的重要因素，奶牛饲喂青贮饲料后在一定程度上能够改善牛奶品质。据报道，黑白花奶牛饲喂玉米青贮饲料，在饲料、饲养完全相同的条件下，试验组每天喂玉米青贮 10kg、干玉米秸 5kg，对照组只喂干玉米秸 8kg。在 30d 的试验期内，青贮组产奶量日增加 1.26kg，对照组减少 2.38kg。两者相差 3.64kg。即使扣除青贮饲料成本，经济效益仍十分显著。

利用全株玉米青贮饲料饲喂奶牛，其适口性，消化率以及营养价值均优于去穗秸秆青贮，且省时省力，其经济效益十分明显。刘超等（2005）以带棒青贮饲用玉米代替青贮玉米秸秆饲喂第 2 胎泌乳奶牛 20 头，30d 内平均每头日节省精料 1.12kg，头日平均增产奶量 6.62kg，每千克鲜奶日粮消耗试验组较对照组精料减少 0.16kg，资金投入产出比为 1：4.5；另据崔淘气（2003）对玉米秸秆青贮与全株玉米青贮饲喂奶牛比较研究，结果表明饲喂全株玉米青贮，头日均产奶量由 23.67kg 增长到 27.2kg，实际提高了 14.9%，头日均增收 3.83 元，如果考虑环境等因素对其影响部分实际每头每天增加效益 4.21 元。

在普通青贮的基础上，采用添加其他营养物质的复合方式能够进一步提高青贮质量。张国利（2005）采用玉米秸秆加 3% 麸皮和 0.5% 尿素复合青贮料饲喂奶牛 20 头，试验组与普通青贮组相比粗饲料的采食量增加了 6%，头均日产奶量增加 2.11kg，提高 11.6%，差异显著，两组平均乳脂率分别为 3.4% 和 3.3%，虽有增高的趋势，但差异不显著。试验期内试验组比对照组头均收入高 200.52 元，经济效益提高 16.98%。复合微生物发酵青贮玉米饲料替代奶牛饲喂中的原青贮粗料后，能有效的缓解试验期间高温条件下的热激效应，提升青贮饲料的质量，降低饲料的成本，提高养殖业的经济效益。

妊娠最后一个月的母牛，每头每天的青贮料喂量不应超过 10～12kg；临产前一至两周，应停喂青贮料；产后 10～15d，才可以在日粮中重加青贮料。但优质的青贮料，一直可以喂到产犊时，而且在产犊后的最初几天又可以继续喂。

3. 用青贮饲料喂牛的注意事项　用青贮饲料喂牛虽然能够大幅度地提高青贮饲料的利用率，降低了饲养成本，但稍有不慎，就会出现中毒死亡事故，造成严重的经济损失。为此，养殖户在使用青贮饲料喂牛时，要特别注意以下几点。

首先，查看饲料的质量。青贮饲料完成发酵的时间一般为 30～50d，开窖后要先从气味、颜色、质地上给予综合断定、确定质量好坏再行使用。

青贮后颜色呈青绿或黄绿色，近于原色者为优良；呈黄褐或暗棕色者为中等；呈黑色或褐色、墨绿色者为最差。发霉、腐烂、变质的则不能喂牛。

优质的青贮料具有轻微的酸香味或水果香味，味酸而不刺鼻，似刚切开的鲜面包的味道，给人以舒适之感；若酸味刺鼻，香味极淡，则为中等；若有令人作呕的、刺鼻的腐臭味或霉味，则表明饲料变质，青贮失败。

良好的青贮饲料抓到手中很松散没有发黏的感觉，茎叶仍保持原状。品质不佳的饲料抓到手中有发黏的感觉，严重时茎叶黏成一团好像一块污泥，或质地松散干燥、粗硬。

其次，注意饲喂青贮饲料的数量。奶牛 15～20kg，肉牛 10～17kg，幼牛及 5 个月以内的犊牛，要少喂一些青贮饲料，一般 3～5kg。因为犊牛一般从牧草中摄取 1/3 的干物质，从谷物中摄取 2/3 的干物质。

再次，观察牛的变化。用青贮饲料所喂养的牛一旦中毒，要及时查找原因，对症治疗。如果因饲料腐烂变质中毒，就要先行催泻，待毒素排出后再进行补液，还应注射适量的强心剂；如果因尿素摄入量过多而中毒，最简单的治疗方法是用 2% 的醋酸溶液 2～3L 灌服。

参考文献

> 曹广才，黄长玲，等．特用玉米品种·种植·利用．北京：
中国农业科技出版社，2001.

> 曹广才，魏湜，于立河．北方旱田禾本科主要作物节水种植
．北京：气象出版社，2006.

> 曹广才，魏湜，曲文祥．秸秆饲料玉米．北京：中国农业科
学技术出版社，2009.

> 常海滨，殷辉，李宁，等. 5个热带群体青贮玉米育种
利用价值分析．湖北农业科学，2013，52（24）：6 110 –
6 114.

> 董德锋．北方大豆主产区青贮玉米高产栽培技术方案．养殖
技术顾问，2014（1）：195 –196.

> 段震宇，王婷，桑志勤，等．种植密度对青贮玉米新饲玉
11号叶部性状及灌浆速率的影响．江苏农业科学，2013，
41（7）：195 –197.

> 范霞，段玉，银永峰，等．青贮玉米播种期、密度与施
肥综合技术研究．内蒙古农业科技，2013（2）：37 –38.

> 付忠军，杨华，姜参参，等．采收期对青贮玉米品质和产
量的影响．西南农业学报，2014，27（3）：1 343 –1 345.

> 付忠军，郑阳，陈文俊．青贮玉米渝青玉3号的特征特性
及栽培要点．养殖技术顾问，2013（9）：222.

> 高飞，高洪雷，王丽霁，等．不同成熟期青贮玉米混播对
产量和品质的影响．草业学报，2009，17（4）：490 –
494.

> 高洪雷，高飞，王丽霁，等．混播对青贮玉米生长、产量
和饲用品质的影响．东北农业大学学报，2009，40（8）：
68 –71.

> 高善君．青贮玉米的栽培技术与推广措施．养殖技术顾问，
2014（12）：327.

➤ 郭顺美，刘景辉，纪春香，等．栽培措施对青贮玉米粗脂肪含量及产量的影响．玉米科学，2007，15（1）：115－119.

➤ 韩英东，熊本海，潘晓花，等．全株青贮玉米的营养价值评价——以北京地区为例．饲料工业，2014，35（7）：15－19.

➤ 何　伟．种植密度对中原单32青贮玉米产量及植株性状的影响．养殖技术顾问，2014（1）：198.

➤ 何新民，谭志环，姚仕林，等．南疆青贮玉米一年两季滴灌高产栽培措施．新疆农垦科技，2013（11）：9－10.

➤ 洪　光．秸秆氨化饲料的制作．农家之友，2014（10）：50.

➤ 华鹤良，卞云龙，李国生，等．密度和施氮量对青贮玉米产量与品质的影响．上海农业学报，2014，30（4）：81－84.

➤ 黄常柱，李　波，张　宇，等．青贮玉米合理种植密度的研究．黑龙江农业科学，2008（2）：32－33.

➤ 贾凤英．玉米秸秆青贮饲料的制作与利用．养殖技术顾问，2014（4）：53.

➤ 贾银锁，谢俊良．河北玉米．北京：中国农业科学技术出版社，2008.

➤ 贾银锁，郭进考．河北夏玉米与冬小麦一体化种植．北京：中国农业科学技术出版社，2009.

➤ 姜　军，赵德兵，雏自全，等．使用全株玉米青贮养牛的效果．中国草食动物，2011，31（5）：81－82.

➤ 金秀华，金　昕，李　丹，等．肥料运筹对青贮玉米产量和营养成分的影响．上海农业科技，2010，26（1）：136－137.

➤ 兰宏亮，王海波，裴志超．北京地区夏播青贮玉米品种筛选试验研究．农业科技通讯，2014（4）：45－48.

➤ 雷志刚，梁晓玲，阿布来提·阿布拉，等．不同类型青贮玉米品种产量分析．新疆农业科学，2010，47（3）：550－553.

➤ 李　钢，刘惠青，高　飞，等．混播对青贮玉米产量和品质的影响．草地学报，2008，16（4）：417－421.

➤ 李　晶，李伟忠，吉　彪，等．混播方式对青贮玉米产量和饲用品质的影响．作物杂志，2010（3）：100－103.

➤ 李博航，魏义章．河北玉米栽培．石家庄：河北科学技术出版社，1994.

➤ 李春喜，叶润蓉，杜岩功，等．高寒牧区青贮玉米生产性能初步研究．草地学报，2013，21（6）：1 214－1 217.

> 李洪影，高 飞，刘昭明，等．青贮玉米不同混播方式对饲料作物产量和品质的影响．草地学报，2011，19（5）：825 –829.

> 李洪影，焉 石，孙 涛，等．钾肥对不同收获时期青贮玉米碳水化合物积累的影响．草地学报，2010，18（3）：431 –434.

> 李会芬．玉米主要病害种类及防治技术．农家参谋・种业大观，2014（10）：34.

> 李会田，闵国春，邢亚南．浅析寒地青贮玉米密度问题．现代化农业，2013（10）：13 –14.

> 李青松，方 华，郭玉伟，等．春播玉米品种熟期类型划分研究．河北农业科学，2010，14（9）：8 –11，25.

> 李少昆，石洁，崔彦宏，谢瑞芝等．黄淮海夏玉米田间种植手册．北京：中国农业出版社，2011.

> 李中秋，刘春龙．青贮饲料的营养价值及其在反刍动物生产中的应用．家畜生态学报，2010，31（3）：95 –98.

> 林建新，卢和顶，廖长见，等．优质高产青贮玉米新品种耀青青贮 4 号引育报告．农业与技术，2013，33（9）：87 –88.

> 林有全，孙泽斌，刘英姿．焉耆垦区茴香套种青贮玉米栽培技术．农村科技，2013（11）：7 –8.

> 刘 虎，魏永富，郭克贞．北疆干旱荒漠地区青贮玉米需水量与需水规律研究．中国农学通报，2013，29（33）：94 –100.

> 刘焕财，王艳君．玉米秸秆青贮饲料的制作与使用．吉林农业，2013（20）：52，68.

> 刘景辉，曾昭海等．不同青贮玉米品种与紫花苜蓿的间作效应．作物学报，2006，32（1 期）：125 ~130

> 刘丽颜．伊春市青贮玉米品种筛选及密度和施肥量的研究．科学与财富，2012（12）：153.

> 刘美华，王 栋，席琳乔，等．南疆不同地区青贮玉米产量和品质的品比研究．新疆农业科学，2013，50（8）：1373 –1380.

> 刘瑞芳，刘景辉，庞 云，等．不同收获时期对青贮玉米产量的影响．农业科技通讯，2008（7）：69 –71.

> 刘先友，程剑平，易 勇，等．青贮玉米新品种（组合）筛选试验．种子，2013，32（8）：105 –107.

> 卢 妍．青贮玉米在畜牧业中的发展策略．畜牧与饲料科学，2009，30

（3）：52 –53.

> 鲁玉萍．青贮玉米虫害的防治措施．农家致富顾问，2014（4）：9 –10.

> 路海东，薛吉全，郝引川，等．密度对不同类型青贮玉米饲用产量及营养价值的影响．草地学报，2014，22（4）：865 –870.

> 栾怀海，姚希勤，安英辉，等．极早熟青贮玉米品种龙垦饲1号的选育与栽培技术．农业科技通讯，2013（5）：170 –171.

> 马 磊，袁 飞，朱玲玲，等．氮磷复合肥种类及施氮量对坝上地区青贮玉米产量和品质的影响．草业学报，2013，22（6）：53 –59.

> 毛新平．冬小麦及麦后复播技术探讨．新疆农垦科技，2014（7）：8 –9.

> 宁新妍．青贮玉米高产栽培技术．农业与技术，2014，34（5）：122 –123.

> 牛生和，梁刚，米立刚，等．克拉玛依膜下滴灌青贮玉米高产优质栽培技术．新疆农业科学，2014（5）：20.

> 牛淑新．青贮玉米新品种比较试验．农村科技，2014（5）：18 –19.

> 钮笑晓．青贮玉米品种大丰青贮1号的选育．农业科技通讯，2013（2）：143，199.

> 潘丽艳．种植密度对不同类型青贮玉米品种产量及相关性状的影响．黑龙江农业科学，2011（5）：20 –22.

> 潘丽艳．种植密度对不同类型青贮玉米品种品质性状的影响．黑龙江农业科学，2011（7）：26 –28.

> 庞冬梅，李广有．青贮玉米及其饲料制作．现代农业科技，2011（13）：316 –317.

> 赛迪阿合买提·吾买尔江，阿布都那比·塔西南拉提，马守科．青贮玉米新品种筛选试验．新疆农垦科技，2014（1）：9 –11.

> 桑志勤，陈树宾，段震宇，等．不同密度对复播青贮玉米光合特性和产量的影响．新疆农业科学，2012，49（1）：28 –33.

> 山东省农业科学院．中国玉米栽培．上海：上海科学技术出版社，1962.

> 山东农学院．作物栽培学（北方本）上册．北京：中国农业出版社，1980.

> 申晓蓉，陈士恩，郭鹏辉，等．两种处理方法对青贮玉米饲料营养品质的影响．中国草食动物，2011，31（4）：54 –56.

> 宋晋辉，赵 祥，高运青，等．施氮量对青贮玉米产量和品质的影响．江苏农业科学，2012，40（5）：155 –156.

➢ 孙贵臣，任 元，马晓磊，等．不同种植密度对青贮玉米生物产量及主要农艺性状的影响．山西农业科学，2013，41（2）：146 - 148.

➢ 孙连双，李东阳，张亚龙，等．收获期对青贮玉米产量的影响．中国农学通报，2010，26（3）：157 - 160.

➢ 孙昕路，李吉琴，孟宪吾，等．滴灌青贮玉米不同种植密度试验初报．新疆农垦科技，2014（6）：8 - 9.

➢ 孙昕路，任志斌，段瑞萍，等．北疆滴灌春麦复播青贮玉米两早配套栽培技术．农村科技，2014（2）：13 - 14.

➢ 陶 更，许庆方．玉米青贮技术现状．山西农业科学，2013，41（12）：1 416 - 1 420.

➢ 田 宏，刘 洋，熊海谦，等．适宜湖北中部地区种植的青贮玉米品种筛选试验．河北农业科学，2014，53（12）2 850 - 2 853.

➢ 王 婷，王友德，陈树宾，等．专用青贮玉米——新饲玉 14 号．新疆农垦科技，2010（2）：66.

➢ 王迪轩，陈军燕．玉米优质高产问答．北京：化学工业出版社，2103.

➢ 王建国．两熟不足区复种青贮玉米种植方式研究．辽宁农业科学，2012（5）：30 - 34.

➢ 王鹏宇，李兆林，李正洪，等．不同贮藏方式对全株玉米青贮品质的影响．中国奶牛，2014（9）：54 - 56.

➢ 王三生，毛新平，刘 孟，等．麦后复播青贮玉米品种筛选试验．新疆农垦科技，2013（12）：7 - 8.

➢ 王晓光，于海秋，等．玉米生产关键技术百问百答．北京．中国农业出版社，2008.

➢ 王英君．节水农业理论与技术．北京．中国农业科学技术出版社，2010.

➢ 王振华等．地下滴灌研究与实践．北京．中国农业科学技术出版社，2014.

➢ 魏 曲，文祥等．秸秆饲料玉米．北京：中国农业科学技术出版社，2009.

➢ 魏永权，周国军，张瑞博，等．种植密度对青贮高油玉米品种产量及相关性状的影响．黑龙江农业科学，2007（6）：25 - 27.

➢ 吴胡明，韩润英，包明亮．优质全株青贮玉米制作技术．中国畜禽种业，2014（11）：83 - 84.

➢ 吴建忠，王仪明．"耀青 3 号"青贮玉米高产栽培技术．上海农业科技，

2013 (5)：58.

> 武月梅，赵俊兰，等．廊坊市现代玉米栽培实用技术．北京：中国农业科学技术出版社，2014.

> 徐敏云，谢　帆，李运起，等．施肥对青贮玉米营养品质和饲用价值的影响．动物营养学报，2011，23 (6)：1 043 –1 051.

> 许英民．玉米秸秆微贮饲料制作技术要点．科学种养，2011 (12)：42.

> 杨福有，李彩凤，杜忍让，等．全株玉米青贮渗出液成分分析与利用．陕西农业科学，2011 (2)：15 –17.

> 杨桂芬，陈亚萍，余　林，等．青贮玉米的田间管理．养殖技术顾问，2014 (8)：260.

> 杨海东，王艳民．适合黑龙江省种植的青贮玉米品种及特性．吉林农业，2013 (4)：18.

> 杨浩哲，杨西光，程广伟，等．不同收获期玉米青贮前后营养变化规律的研究．中国草食动物科学，2013，33 (2)：36 –39.

> 叶　方．切碎长度对玉米青贮品质的影响研究．安徽农业科学，2013，41 (15)：6 725 –6 727.

> 尤胜飞，丰文举．青贮玉米秸饲料的制作与合理使用技术．农技服务，2010，27 (3)：376，406.

> 张　林，王振华．青贮玉米品种东青 1 号的特征特性及高产栽培技术．种子，2011，30 (4)：112 –113.

> 张丽美，曹丽梅，陶鲁东，等．玉米秸秆生物发酵饲料制作技术．中国牛业科学，2008，34 (2)：85 –86.

> 张秋芝，潘金豹，南张杰，等．不同种植密度对青贮玉米品质的影响．北京农学院学报，2007，22 (2)：10 –12.

> 张瑞霞，刘景辉，牛　敏，等．不同收获期青贮玉米品种营养成分的积累与分配．玉米科学，2006，14 (6)：108 –112，116.

> 张晓梦，王树林，张瑞萍．黑龙江省西部地区扁豆与青贮玉米混种技术研究．黑龙江农业科学，2013 (7)：123 –126.

> 张效梅，邢志伟，张丛卓．青贮专用玉米新品种——晋饲育 1 号的选育报告．中国农业信息，2009 (8)：19 –20.

> 张学云．青贮玉米在养羊中的应用．中国畜牧兽医文摘，2014，30 (7)：182.

> 张亚龙．收获期对寒地青贮玉米营养价值的影响．玉米科学，2007，15

（4）：123 –124，132.

❯ 赵明，李从锋，等．玉米生产配套技术手册．北京：中国农业出版社，2013.

❯ 赵仁贵，高洁，高树人．中国东北高油玉米．北京：中国农业科学技术出版社，2013.

❯ 赵艳艳．旱地耐密玉米秋覆膜栽培技术．安徽农学通报，2012，18（09）：81.

❯ 褚玉宝，潘　微．混播栽培对青贮玉米产量及品质影响的研究．黑龙江科技信息，2013（18）：275.

❯ 郑雪峰．青贮专用玉米生长发育的条件．民营科技，2013（4）：105.

❯ 周立荣．青贮饲用玉米高产栽培的方法．养殖技术顾问，2014（3）：84.

❯ 朱春华．玉米全株青贮营养价值更高．江西饲料，2014（6）：44 –45.

❯ 朱建国，刘景辉，高占奎，等．不同品种青贮玉米形态特征及生育进程的变化．中国农学通报，2007，23（3）：202 –204.

❯ 朱树国，刘景辉，成建宏，等．不同收获期青贮玉米品种粗灰分和无氮浸出物的积累与分配．玉米科学，2008，16（2）：110 –114.

❯ 朱征宇．玉米常见病害的识别与防治．吉林农业，2014（22）：80.

❯ 邹　刚，杨　建，陈　莉．西南区玉米主要病害研究．现代农业科技，2014（8）：124 –125，129.

作者分工

第一章

第一节 ……………… 王瑞华，崔　宏，刘水莲，韩建国
第二节 ……………… 王瑞华，兰凤梅，赵新新，王彦华

第二章

第一节 …… 赵俊兰，武月梅，张　宇，杨　静[2]，王子臣
第二节 …… 武月梅，赵俊兰，姜　力，杨　静[1]，史　策

第三章

第一节 ……………… 张晓颖，张　彪，李泉杉，李　岩
第二节 ……………… 姜　力，张晓颖，杜伟娜，尹　丽

统稿 ……………………………… 曹广才，武月梅

注：杨静[1]（廊坊市农业局技术站）　　杨静[2]（河北省固安县农业局）